The Fifth Generation

Artificial Intelligence and
Japan's Computer Challenge
to the World

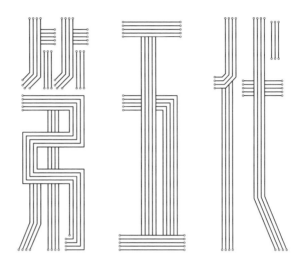

人工智能与日本计算机
对世界的挑战

[美] 爱德华·A.费吉鲍姆
[美] 帕梅拉·麦考黛克
著

汪致远 童振华
江绵恒 江 敏
译

白英彩
校

Edward A. Feigenbaum
Pamela McCorduck

格致出版社　　上海人民出版社

译者序

　　人工智能(artificial intelligence, AI)是近年来各行各业的一个热门话题。无论是信息产业,还是传统产业,甚至是服务业,但凡有新品上市,大都尽可能贴上"智能"的标签。由此,我回想起上世纪80年代曾参与翻译过由斯坦福大学计算机系教授爱德华·A.费吉鲍姆(Edward A. Feigenbaum)和专栏作家帕梅拉·麦考黛克(Pamela McCorduck)女士合著的《第五代:人工智能与日本计算机对世界的挑战》(*The Fifth Generation*：*Artificial Intelligence and Japan's Computer Challenge to the World*)一书,该书的英文原版出版于1983年1月,中文版于1985年由上海翻译出版公司出版。

　　80年代初期,适逢恢复高考(本科生和研究生)后的第一波出国热(主要是去美国),我刚从中国科学院半导体研究所硕士研究生毕业,分配到中国科学院上海冶金研究所(现为中科院上海微系统与信息技术研究所)工作;说是工作,其实很多精力用在为赴美留学做准备。记得1983年中,时任国家电子工业部领导的家父率团赴美考察电子工业(包括硅谷)整整一个月(现在恐怕不允许这么长时间了),回国时带回几本英文原版书，其中包括这本刚刚出版的原著。为了准备出国练习英语，我萌生了挑选几本英文原版书翻译成中文的念头，《第五代：人工智能与日本计算机对世界的挑战》(以下简称《第五代》)便是其中的一部。我还参与了另外两本书的翻译工作：《新的炼金师——硅谷和微电子革命》(*The New Alchemists : Silicon Valley and Microelectronics Revolution*)和《超大规模集成电路工艺原理——硅和砷化镓》(*VLSI Fabrication Principles—Silicon and Gallium Arsenide*)。翻译原著虽然不是我在所里的本职工作，但书目的选择与研究所的研究方向并非完全无关。冶金所成立于 1928 年，前身是中央研究院的工程研究所。新中国成立后，冶金所的研究方向主要集中于当时国家的发展战略，大炼钢铁，赶英超美。到了 80 年代，冶金所的研究重点已经逐步转移过渡到半导体微电子领域。其实，冶金所早在 1965 年，就和当时的上海元件五厂研制出中国第一块集成电路，当然那时的集成电路(integrated circuit, IC)芯片只是相对半导体分立器件而言，集成度非常低。当时国际上的 IC 产业也才刚开始，摩尔定律也是这一年提出的。那时日本也刚开始发展 IC 芯片，韩国还没有声音，说明我们"醒得早"。但是我们为什么"起得晚"，至今还被"卡脖子"，值得深思，这是后话。80 年代，中国刚刚开始改革开放，对外交往非常有限，发达国家科技发展的信息来源迟滞，英语也不像现在这样普及；因此，当时选这几本书翻译，希望或多或少对研究所和这些行业的发展有所裨益。

必须说明的是，我既不是学计算机专业的，也不是学英语语言专业的，要完成这些原著的翻译，只有依靠团队的合作。例如本书的译者就包括时任电子工业部华东计算技术研究所的所长汪致远，和该所的两位研究人员童振华、江敏，并由上海交通大学计算机专业的资深教授白英彩老师负责校订。回想这些过程，至今我都感到十分亲切。

促使我想把本书中译本再版有几个方面的原因。AI 的概念源于 1956 年的达特茅斯会议。这场在美国新罕布什尔（New Hampshire）州汉诺佛（Hanover）小镇达特茅斯（Dartmouth）学院召开的人工智能夏季研讨会，云集了克劳德·香农、约翰·麦卡锡、马文·明斯基、艾伦·纽威尔、赫伯特·西蒙等十位重量级人物，他们在信息论、逻辑和计算理论、控制论、神经网络理论等领域都做过许多奠基性的工作。凭借各自擅长，他们在会议上就计算机科学领域的一些前沿问题展开了"头脑风暴"，催生了"人工智能"概念的正式亮相，有人认为这是 AI 研究的第一波高潮。时间将会证明达特茅斯会议的预言是历史性的，这些预言奠定了后来整个 AI 发展的思想基础。然而实现这些极为前瞻性的预言，还有待于科学基础和技术创新的不断进步和突破，实践证明这一过程不是一帆风顺的，既有高潮，也有低潮，既有炎夏，也有寒冬。

在经历了 60 年代至 70 年代的低潮之后，AI 的第二波高潮开始于 80 年代。这次 AI 高潮的掀起，与本书第一作者费吉鲍姆教授有很大关系。他是人工智能研究的先驱者之一，从 60 年代起，他开始了"专家系统"(expert system)的研究和设计，到了 80 年代，费吉鲍姆的专家系统框架及其理论成为当时 AI 研发高潮的重要推动力，各国政府纷纷为此制定发展规划，其中日本政府最为激进，欲以 8.5 亿美元巨额预算，花十年左右的时间开发出"第五代计算机"系统。所谓"第五代计算机"是相对于业已成型的前面四代而言的：四五十年代的电子管计算机，五六十年代的晶体管计算机，六七十年代的集成电路计算机，七八十年代的超大规模集成电路计算机，而日本规划目标中的"第五代计算机"是具有人工智能的计算机系统。

费吉鲍姆对 1981 年日本开启的以第五代计算机为核心的这一波人工智能浪潮有过近距离的接触和观察。那一年他应邀参加了日本第五代计算机会议，第二年又参观了日本为五代机项目特别设立的"新一代计算机技术研究所"(ICOT)，再加上他娶了日裔妻子 H.彭妮·新子(H. Penny Nii)——一位知识工程(knowledge engineering)领域的专家和先驱者，因此费吉鲍姆被人们看成是日本五代机项目的外籍"军师"。而他和麦考黛克合著的这本书则记录了人工智能发展史中具有重要节点意义的一段历史，今天回过头来再看，历史总有惊人的相似性，值得我们回顾、总结和借鉴。

书中很大篇幅是讲日本的五代机规划，这和当时的历史背景有很大关系。日本的经济总量在上世纪 80 年代时已位于世界第二，人均GDP 也赶上美国。由于美国感受到当时"日本奇迹"带来的威胁，日美贸易摩擦不断升级。哈佛大学教授傅高义在《日本第一：对美国的启示》一书中列举的"日本的奇迹"有：钢铁产量在 70 年代后半期追上美国，1978 年世界 22 座大型高炉中，日本占了 14 座；日本的收音机、录音机、立体声音响设备等产品在 50 年代前半期质量还不如美国，一转眼却席卷全球市场；日本新造船舶的价格，在 70 年代后半期比欧洲低了百分之二十至三十；日本汽车产量在 1958 年还不到 10 万辆，1977 年日本出口汽车就达到了 450 万辆；在计算机、军工等领域，虽然还是美国领衔，但日本的技术也在提高；等等。① "日本奇迹"最直接的结果便是美日贸易逆差，美国制造领域的厂商，要么遭受痛击，要么不寒而栗，于是美国采取了贸易战的行动，导致《广场协议》，日本屈服。在此背景下，日本政府希望借助强力推动"第五代计算机"规划，到 90 年代在技术上抢占制高点。费吉鲍姆和麦考黛克看到了日本雄心勃勃推动研发"第五代计算机"的战略动机，担忧美国会在这一场竞争中失去优势。他们在本书的序言中写道，"此事关系重大，在贸易战中，这可能是决定性的挑战"，"如果我们对此仍然漠然置之，就可能使我们的国家沦为后工业社会中的第一个'农业大国'"，以此唤醒并敦促美国政府也发起一个像航天飞机计划那样的全国性行动计划来应对挑战。

　　当今中国面临的历史环境似乎与当年日本非常相似。中国的经济总量十年前已经超越日本成为世界第二大经济体，中国的钢铁产量

---

① 傅高义：《日本第一：对美国的启示》，谷英等译，上海译文出版社 2016 年版。

已居世界第一，中国的汽车产销量跃居世界第一，中国的高铁里程世界第一，中国的互联网用户世界第一，中国制造的日用消费品出口世界第一，中国的贸易顺差世界第一；所有这些"中国奇迹"导致美国对中国采取贸易制裁行动也就不足为奇了。与此同时，中国相继推出了包括《国家创新驱动发展战略纲要》《中国制造 2025》等若干国家行动计划，把创新驱动发展作为国家的优先战略，其中人工智能和 5G 通信成为优先发展的领域。美国再次感到其霸主地位受到来自中国的挑战，"中国威胁论"已成为白宫和国会很多政客的共识，制裁中国已不限于贸易，扩大到了科技、教育等许多领域。虽然中美贸易谈判签订了第一阶段的协议，但好比是拳击赛第一轮的中场休息；可以预见，美国将中国视为主要竞争对手并不断出台各种打压措施将是未来中美关系的新常态。面对这样的竞争态势，《第五代》所描述的当年日本人工智能的发展态势或许对今天中国人工智能的发展有些参考的价值，这是再版本书的原因之一。

《第五代》虽然不是计算机科学的学术专著，但对人工智能第二波高潮的关键技术核心，即"专家系统"和"知识工程"做了全面的介绍。何为"专家系统"？它是一个已被赋予知识和才能的计算机程序，这种程序所起的作用将达到专家的水平。而每一个"专家系统"都是用以解决某一特定任务的。许多"专家系统"的集合就形成知识库，知识库越大，解决问题的"专家系统"就越多，能力也越强。因此知识库的不断发展扩大成为"专家系统"成功的先决条件，其过程称为"知识工程"。需要强调的是,这里的知识还都是人类产生的,是人类赋予计算机的,"知识工程"的主体是人。而新一波人工智能发展的主要标志是,计算机可以通过"深度学习"(deep learning)来产生习得知识,也许可以称之为现代"知识工程",但主体已不是人类,而是机器。关于 AI 发展历史的介绍,特别是以"深度学习"为标志的新一轮 AI 热潮的兴起,建议有兴趣的读者可以参考《环球科学》杂志总编辑陈宗周写的《AI 传奇——人工智能通俗史》一书①。由于 AI 的研发目标是面向应用、解决实际问题的,《第五代》重点介绍了"专家系统"在研发过程中所采用的应用场景和研究问题,包括健康医疗、科学研究等②,这些应用场景对于今天的"深度学习"研发也许仍能提供一定的参考和借鉴作用,这是再版本书中文版的又一个考虑。

人工智能研究从上世纪 90 年代开始进入第二个寒冬,历时二十多年之久,直到 2016 年"阿尔法狗"(AlphaGo)击败李世石,机器人对人类围棋冠军的首次胜利再度掀起一波人工智能巨浪。即使在寒冬期间,坚持 AI 研究的科学家团队还是取得了许多重大成果,特别是在计算机视觉、语音识别、自然语言处理、人工神经网络等领域取得突破性进展。伴随移动互联网、大数据、云计算、物联网、机器人及无人机等信息技术的不断发展和进步,以"深度学习"为引领的人工智能应用,正在渗入到社会的方方面面,从政府到学界,从企业到个人,人们

---

① 陈宗周:《AI 传奇——人工智能通俗史》,机械工业出版社 2018 年版。
② 参见本书附录 A 和附录 B。

对于人工智能的激情有增无减，各国政府也都纷纷出台相关的产业政策和各种行动计划。《第五代》有相当的篇幅介绍当年美、英、法等国对日本第五代计算机的响应和对策，而这些响应和对策更多是从国家战略层面的考虑。举例来说，人工智能乃至信息技术发展最大的瓶颈来自人才缺乏，《第五代》中有这样一段描述：

"……从 1975 年到 1981 年，主修计算机科学的大学生增加了一倍，按保守估计，到 1987 年还会增长 60%。如果这些学生唯一的动机是为了金钱，那么他们是作了明智的抉择。在 1980 年，每个计算机学士平均有 12 个工作机会，开始年薪就在 2 万美元以上，而且年薪还在不断提高。计算机科学博士则更是前程似锦，在 1980 年，一个刚毕业的计算机科学博士有 34 个工作机会可选择。不幸的是，如果这些新博士选择留在学术界，则几年的研究生就算白读了，只能拿到相当于新学士的薪水……由于大学毕业生现有的薪水跟刚进校的教员差不多，所以没有什么激励能把他们留在研究院。"

历史有惊人的相似性，今天我们学校计算机专业学生的情况和当年的美国如出一辙，报考计算机专业的学生数量全校第一，逐年增长；本科和硕士毕业生的年薪远超其他学科的毕业生。攻读博士学位的比例开始增加，但毕业后的工作首选仍然是工业界。这就产生了一个问题，一方面培养的毕业生基本上都去了工业界；而另一方面学校又招不到足够合格的教师培养人才。为了保证培养的质量，我们学校不得不限制报考计算机专业的学生数量。如何解决这一矛盾，涉及许多宏观政策方面的因素。《第五代》作者通过对宏观政策若干问题的讨论,包括政府在重大科技规划推进方面的主导作用,企业参与研发投入所发挥的市场作用,基础前瞻研究和技术开发引领的相互关系,模仿跟踪和原始创新的差别,教育培养体系和人才需求结构的矛盾等,都提出了具有敏锐战略眼光和超前思维的看法。他们的一些见解,对今天这些问题的探讨和实践仍有相当的参考价值。

虽然作者对日本的第五代计算机计划大为推崇,为当时美国政府的响应之缓慢而大声疾呼,但是他们没有预计到日本的雄心伟愿到了90年代前期就偃旗息鼓,不仅进入了 AI 的第二个寒冬,甚至开始了经济发展的"停滞的二十年"(两者并非因果关系)。我们也许要问为什么?他们也没有预计到二十年之后当新一波 AI 热潮来到时,美国在人工智能研究的各个领域都仍然处于领先的地位。我们也许要再问为什么?还有,《第五代》完全没有提及金融资本市场对当今科学技术发展(包括 AI)所起的作用。美国是金融资本市场最发达的国家,从硅谷的风险基金投资开始,到1971年创建涵盖高技术行业的纽约纳斯达克股票交易市场,美国在这方面动作频频。中国也于2019年建立上海科创板股票交易市场。科学技术成果的资本化、证券化已成为推动科技发展的重要手段。当然,资本市场的作用还有另外的一面,利用不当则会产生消极的后果。2000年就曾发生了互联网泡沫的破灭。这一轮 AI 的高潮也得到了资本市场的推波助澜,会不会也形成泡沫?对于这些疑问,《第五代》虽然没有给出答案,但或许可以从中寻找答案的端倪。

费吉鲍姆因"开创了大规模人工智能系统的设计与制造，证明了人工智能技术的实际重要性和潜在的商业影响"，1994 年与拉伊·雷迪(Raj Reddy)共同获得了计算机科学领域最负盛名的图灵奖。他不知道《第五代》的中译本在中国出版，之前我也从未与他晤面。2018 年暑假，当时正逢 AI 在国内如日中天，我借赴硅谷开会之机，托斯坦福的教授朋友联系，终于有机会当面求教费吉鲍姆教授。拜会是在他于旧金山的寓所进行的，夫人新子也在。我告诉费吉鲍姆，他们的这部著作在出版后没多久就被译成中文出版了，只是当年中国尚未加入《伯尔尼公约》和《世界版权公约》，又没有联系的渠道，因此中译本的出版未能告知作者取得许可。当我为此表示歉意时，费吉鲍姆教授淡淡地说了一句"俄国人也这样做"（"Russian does the same thing"）。当我问起当年日本的计划为何没有成功，他回答说"这里面的因素很复杂"，颇有中国人的哲学风格。

回国后我把这段故事与世纪出版集团原总裁陈昕分享，并给了他一本从网上淘到的旧书，他看了以后鼓励我再版三十多年前出版的《第五代》中译本。如果说除了前文提到的再版中译本的起因外还有什么考虑的话，那就是通过这次再版也可了却当年的本书版权之憾。经过进一步沟通，费吉鲍姆教授和麦考黛克女士已经愉快地应允了我们的提议并予以版权授权，他们还将为再版中译本撰写序言。

历史是波浪式前进、螺旋式上升的。尽管还会碰到一个又一个寒冬和炎夏,人类文明迈向信息时代的步伐是不会停顿的,AI的未来是充满希望的。如果说工业文明的生产力进步是以机器作为生产工具和能源作为原材料的发展为标志,以获得大大超过人类体力的做功能力为目标的,那么信息文明的生产力进步则以获得大大超过人类智力的思维能力为发展方向。俗话说,"巧妇难为无米之炊",AI就是信息文明生产力的"巧妇"(只是之一),数据则是"米"。可否这样说,工业化时代的经济基础本质上是"能源经济",而信息化时代的经济基础将是"数据经济"。必须指出的是,中国的工业化进程还没有完成,特别是化石能源仍然是物质基础主要来源带来的能源安全和环境污染问题已成为重大挑战。与此同时,国家很早就提出了以信息化带动工业化的发展战略,鼓励发展信息技术和产业,由此出现了以阿里、腾讯、美团、百度和拼多多(以市值排序)等为代表的"互联网经济"模式;互联网经济是数据经济发展的前奏(但不是全部),中国的信息化带动工业化进程将为数据经济的形成提供丰富多彩的巨大空间。

中国数据经济的发展机遇在于两个方面:一是我们有大量"米"的存在基础,作为世界最大互联网用户量产生的社会数据资源(如何区分虚实真伪是挑战)和未来最大物联网(internet of things, IOT)产生的(与经济体量有关)物理世界的数据资源(大部分是客观存在的),将成为数据经济赖以生存和发展的最大规模的基础资源。二是把"生米"煮成"熟饭",不光要有如AI等"软"的信息科学和技术,还要有诸如数据获取、传输、存储和处理等相应的硬件设施才能完成,而这些基础设施的硬核则是微纳电子IC。我们已经在信息基础设施的系统技术方面产生了世界级的企业华为公司，但是在集成电路的核心技术和制造设备方面仍然受制于人。值得一提的是，由于集成电路发展遵循的摩尔定律遇到了物理极限，正是这一瓶颈为我们在这一领域提供了创新发展的时间和空间，成为数据经济发展的又一个机遇。我们必须牢牢抓住这两个机遇，避免再走"醒得早、起得晚"的老路，切忌把"生米"煮成"夹生饭"！

当我同当年翻译团队中的三位在沪成员重新会面时，已是三十五年之后，而庆幸的是作者和译者至今都还健在！就像译者之一童振华感慨万分所说的，人生能有几个三十五年！希望"新"读者能从这本"老"书中汲取回味无穷的思想甘醇，激发出更璀璨的思想之花，便是我们再版此书的初衷，仅此而已。

此书的出版得到了上海世纪出版股份有限公司格致出版社社长范蔚文、副总编辑忻雁翔和编辑张苗凤的鼎力支持和帮助，在此谨表衷心感谢。

江绵恒

2020年春于上海科技大学

中文版序

一本三十七年前出版的书得以再版，而且是翻译的版本，实属罕见。我们衷心感谢上海科技大学江绵恒校长不辞辛劳，将本书的观点分享给中国的新一代，包括科学家、工程师、治理者，以及政治经济学者和科技史学者。

人工智能（artificial intelligence，AI）如今已是最受热议的信息技术。相比于大部分几乎是"一炮而红"的其他技术，人工智能则在 20 世纪 50 年代之后的几十年中缓慢且艰难地发展着。的确，这一旨在对行为精确建模的"智能"乃是最难的科学任务之一。现在，人工智能虽然还处在早期成熟的阶段，但已在科学和工程活动中得到了广泛的实际应用。

在此序言的第一部分，我们将回溯过往，以史为鉴。然而，为谁而鉴？第二部分则基于帕梅拉·麦考黛克的新书（2019 年出版）而展开。具体而言，她指出随着政府的鼎力支持以及大量中国工程师和科学家的教育培养，中国正在向运用人工智能来实现社会经济效益、满足社会需求的 2030 年宏伟目标快速迈进。

第一部分　日本（1980—1992 年）

20 世纪 60—70 年代，在日本通产省的领导下，日本企业通过发展先进技术寻找经济机遇，并取得了很大进展。然而这些进展并不是在计算机工程领域，也不是在软件科学或软件工程方面。20 世纪 70 年代后期，日本通产省及来自大型公司和高校的顾问们策划并实施了一个十年项目，以期"逾越"美国和欧洲已有的尖端技术。这便是日本"第五代计算机系统"项目（以下简称五代机项目）。

在软件科学和软件工程方面，五代机项目选择了最有难度但同时又有最大长期科学和经济收益的领域：人工智能［他们称之为——在我们看来是正确的——知识信息处理（Knowledge Information Processing，KIP），如今被称为"基于知识和基于逻辑的路径"］。

在计算机工程方面，五代机项目选取的领域则是当时欧美国家进展甚微的高度并行计算机，为日本提供相应的商业机会。五代机的人工智能软件原本便预期将在此并行计算机上运行。

这一计划的远景描绘了一个知识型社会将广泛获益于人工智能和先进计算机的故事。它大胆而振奋人心。但它同时也让美国和欧洲技术规划师感到担忧，特别是他们已经看到日本在其他领域独占鳌头。

本书撰写于五代机项目的初期。因此,您在本书中不会读到五代机项目产生的无论是令人满意还是令人失望的结果,亦不会读到中国人工智能科学家和工程师今后从这些结果中汲取的经验教训。下面我们言简意赅地总结一下这些"经验教训"。

人工智能技术

五代机项目并没有在人工智能科学与工程方面取得大规模进展。人工智能的历史在继续,就好像五代机项目从未存在过一样。五代机的项目主管们过多地关注 KIP 的逻辑路径,忽略了 KIP 的知识路径。他们选择去增强一种叫作 PROLOG 的计算机语言,而恰恰是这一语言限制了复杂真实世界的物体和过程的知识表达所需的灵活性。他们对 KIP 中最困难的问题——知识获取——没有给予足够的关注。结果,五代机项目虽然展示了一些可行的应用,不过总体来说,他们的人工智能软件尽管逻辑丰富但知识匮乏。

并行计算技术

日本和美国的技术规划师当时都开始开展面向未来的研究(在美国是在公司),并看到了摩尔定律——这一在十多年里依靠材料科学与工程,以越来越低的成本"提供"指数级增长的晶体管数量的方式——的效力趋缓和最终"消亡"。并行计算机对于这些规划师而言似乎就是未来。

然而,摩尔定律在 20 世纪八九十年代并未"消亡"。并行计算机预期带来的运算加速变得没有必要;与更快、更便宜的芯片处理器相比,并行计算机的成本也过高。在美国,这一点在新兴公司的失败和高校研究团队的无果中一览无余。在日本,五代机项目的并行计算也遭遇了类似的失败。除了相较于摩尔定律的高成本,五代机项目的失败还有其他因素:(1)用 PROLOG 编写程序对普通程序员而言是有难度的;(2)这些程序的运行速度也无法像预期的那样快。那么原因何在呢? 基于逻辑系统的人工智能方法为了交换中间结果必须"中断"计算中的并行流,这导致了加速比从预期的 10 倍降为 2 倍或更低。

日本和美国在并行机和并行算法的这次"邯郸学步"过程中,两国的技术专家都失足跌倒了。然而他们从中也学到了很多。参与五代机项目的日本公司,通过这一经历,最终获得了几十年后大规模并行计算机的成功。

政府、组织和人

在十二年甚至更长久的时间里,日本政府通过通产省为五代机项目提供大量资金,对此我们必须打高分。通产省真正地投入到了项目的长远目标中。通产省还将五代机项目,以及计算机公司和高校中与五代机项目相关的团体,看作"着眼未来的培训平台",以培养计算机硬件和软件先进技术领域的日本年轻工程师。朝着这个目标,五代机项目实验室及项目关联计算机公司的实验室都相当成功。数百名日本工程师在五代机项目实验室轮换一年(或数年),然后再回到原公司,从而在相关领域上得到了良好的培训。

计算机公司本身不是五代机项目的最佳合作伙伴。他们更关注短期成就而非长期目标。他们认为他们最好的工程师要忙于下一代的产品，而不是导向未来的前沿理念和技术。因此，他们没有将最好的工程师派到五代机项目实验室。这些公司当时尚未适应不是由公司而是由政府实验室（五代机项目的管理由通产省电工技术实验室负责）主导的国家项目。他们习惯于分掉国家项目的所有经费，而不仅仅是项目经费的一部分。他们对五代机项目最大的贡献是提供了人，这让五代机项目实验室管理者快速打造团队，并按需提供新的人力资源。

爱德华·费吉鲍姆

帕梅拉·麦考黛克

第二部分　中国（2017—2030 年）

在我 2019 年出版的《这可能很重要：我与人工智能阶层的生活和时光》（*This Could be Important：My Life and Times with the Artificial Intelligentsia*）一书中，我用了大量篇幅叙述中国在人工智能方面的努力。

20 世纪 80 年代早期，美国人对于日本的人工智能计划给予了高度关注和些许警惕，正如《第五代》所记述的。差不多四十年后，2017 年，中国政府宣布，要在 2030 年之前抢占人工智能的制高点。一些美国科学杂志和主流媒体饶有兴致地注意到这一宣告。但大多数美国人并未注意到的是，西方 AI 程序在中国传统竞技项目围棋赛中对人类高手的胜利，对于中国所产生的"电击"效应。一位主要的研究人员李开复（他在美国接受教育，现在在北京）将此称为中国的"斯普特尼克时刻"，一如 1957 年苏联发射卫星刺激了美国的科学和工程那样。李开复认为，这场 AI 的胜利掀起了中国的"人工智能热潮"。

"中国在人工智能方面的优势远不止政府的支持，"美国顶级科学期刊《科学》报道，"中国由于其庞大的规模、活跃的电商和社会网络，以及隐私保护的欠缺，完全沉浸于数据这一深度学习系统的源泉中。"著名芯片设计师陈云霁告诉《科学》杂志，因为人工智能处于初始阶段，因此中国得以获益：人工智能相对较新，这鼓励了"学术界的蓬勃发展，使中国离美国仅一步之遥"。陈云霁称中国学术界在蓬勃发展，但现实与之有些相左——人工智能公司挖掘人才时提供的薪酬是学术机构达不到的。但是，西方面临着同样的问题，并且不管结果如何，很多前沿性研究都挪到了私营企业。不同于西方早期人工智能的开放型研究，这些企业拥有极少有需要与他人共享的专有系统。

2017 年，也就是中国政府宣布改变世界的人工智能目标的这一年，中国的风险投资者投入了占全球人工智能风投 48% 的资金，首次超越美国。在之后的几年中，中国人工智能的应用仍都基于西方所做的基础研究。但若认为情况将继续如此，那就是无稽之谈。中国必会付出巨大努力开始创新，而不再是简单复制。中国研究者可以偶尔犯错,从中吸取教训,推进研究。中国民营企业的努力更是得到了中国政府宣布的要在 2030 年之前抢占人工智能制高点这一目标的支持。例如,在政府的支持下,用于自动驾驶汽车的城市系统正在设计中,并将很快投入建造;一个个"硅谷"正在规划、引资中。

西方风险投资者表达了他们的疑虑:中国鼓励投资的体系或许会成功,但是效率低下。李开复的回复具有启发性:如果长远的前景是无比光明的,那么短期的过高投入可以是一件正确的事情。"中国政府想要使经济发生根本性的转变,从制造引领的增长转变为创新引领的增长,并且想要尽快完成这种转变。"

中国优势? 或许会有。李开复欣然承认,人工智能领域在深度学习规模上的突破,将会再度带来变局,并且突破很有可能将是来自自由无羁的西方,而不是循规蹈矩的东方。但这种突破通常隔几十年才会出现一次(深度学习问世后,过了将近三十年才有了足够强大的计算能力使之有用)。

我相信中美在人工智能方面的交锋很大程度上不仅仅是商业竞争者之间的友好角逐。它将对双方的经济体系,可能还有政治体系造成深远影响。例如,西方观察者已经开始满腹狐疑,西方盛行了数十年的自由市场思想——在美国几乎受到宗教式狂热追捧——有其弊端。"我赞成中国政府支持科学和技术,"麻省理工学院斯隆管理学院国际商务管理教授黄亚生说道,"美国也应该这么做。"英特尔人工智能政策主管戴维·霍夫曼(David Hoffman)谈到人工智能生态系统的发展，他并未质疑随着时间推移市场会逐步发展。但是，"其他大部分国家都在说，好吧，即使情况是这样，我们也想要进行投资并提供方向"。

虽然李开复的著作用令人信服的细节考察了人工智能对劳动力的影响，但他最担忧的是中国和美国两个人工智能超级大国对世界其他国家和地区的影响。如果对人工智能仍然不加约束，难道它不会在这一技术的拥有者和非拥有者之间催生一道无法逾越的鸿沟？在此意义上，人工智能是一个不平等机器。发展中国家正在失去它们巨大的优势，或许是它们唯一的优势：廉价劳动力。直截了当地说，中国和美国将要在它们之间对这个世界作一划分，就像教皇曾经企图在西班牙和葡萄牙之间划分世界那样，只不过这次可能成为现实。一些专家预测，世界将会出现三大互联网：中国的、美国的和欧洲的，而欧洲将远比中国和美国注重个人隐私和公民权利。

我们知道人工智能会带来经济财富，而我个人朦胧的心愿是希望这笔财富将被公平地分享，这一观点亦在李开复的具体论述中得以阐发。他提议对社会契约进行根本性的重写，如同工业型经济中奖励产生经济效益的活动，它也应该奖励产生社会效益的活动。当然，还有其他计划可以设想；如果我们足够智慧，就去实施。

我们进入了一个新世界，这包括两个大国之间潜在的新的冲突。这两个国家有着巨大的权力，一种以前从未在全球范围内见过或用过的权力。这种权力可以抹杀以往战争中的武器。未来的冲突是经济的、地缘政治的,同时也是哲学的,甚至是精神层面的。我们可以从日本第五代计算机系统项目以及西方人工智能的实践中看出,政府也会有失误。没有人会在第一次的时候就全都明了。但何不假设两个人工智能超级大国的合作会避免冲突呢?两个国家若能善用前瞻普惠的领导力,我们便有望让全球实现前所未有的和平与繁荣。

帕梅拉 · 麦考黛克

2020 年 4 月

目　录

绪　言

《时代》杂志 1982 年的"当年人物"不是一个人，而是一台机器——计算机。计算机革命似乎还没有真正开始，但我们却已经看到计算机极其广泛地渗入了人们的工作和娱乐之中，也渗入了大小机械设备之中。经济学家认为，我们已经成为一个知识工作者的国家，我们有一半以上的国民从事各种形式的知识和信息处理工作。正如播种机和收割机是农民的工具，重工业机器是生产工人的工具一样，计算机是知识工作者的工具。目前，知识工作者在社会上所处的主导地位已被计算机在社会上所占的优势反映出来了。长期以来，这种技术的产物已经对我们的社会和生活产生了极其深刻的影响。

知识就是力量，而计算机则使这种力量成倍地放大。目前，我们正处于计算机革命的黎明时刻，《商业周刊》称之为"第二个计算机时代"。我们则把它看作是一次重要的计算机革命，这是从信息处理到知识处理；从计算与存储数据的计算机到推理与提供知识的计算机的一次飞跃。人工智能正在走出实验室，开始在人类事务中发挥作用。人工智能研究的先驱者，卡内基-梅隆大学的教授艾伦·纽威尔

(Allen Newell)曾经写道："计算机技术能把世界各个角落的智能行为结合起来。"目前，计算机正在填满这些角落，而智能行为也迅速地接踵而来。

美国计算机工业历来富于创新精神、生气勃勃且卓有成效。从某种意义上讲，计算机工业是一种理想的工业。它通过转化知识工作者的脑力来创造价值，而消耗的能源与原料却是微乎其微。今天，我们美国还支配着世界上这项最重要现代技术的思想和市场。然而，明天会怎样呢？

日本人看见了遥远山丘上的黄金，而且已经开始行动了。日本的规划者把计算机工业看作是日本未来国民经济的命脉，并大胆地把使日本在20世纪90年代末成为头号计算机工业强国作为国家目标。他们不仅要支配传统形式的计算机工业，而且还要建立起一个"知识工业"，使知识本身像食品和石油一样成为商品。知识将成为国家的新财富。

为了实现这个远大目标，日本人既有战略又有战术。他们的战略简单而又明智，即避免在市场上同目前占有优势的美国公司正面对抗，而把眼光放到90年代，寻找一个具有巨大经济潜力的领域（目光短浅的或者说平庸的美国电脑公司至今尚未重视这个领域），并迅速行动起来，在该领域集聚他们的主要力量。他们的战术则体现在日本通产省拟订的"第五代计算机系统"规划之中，这是一项深入人心的全国性计划，它以文件形式确定了在知识信息处理系统方面的一个经过仔细筹划的十年研究与发展方案。1982年4月开始实施这项计划,组建新一代计算机技术研究所(Institute for New Generation Computer Technology,简称ICOT),以便协调日本各大计算机公司开展实验研究工作。

日本的这项计划颇为大胆,并展现出他们的远见卓识。在十年之内取得完全成功看来不大可能,但是,如果因此而像有些美国工业界领袖那样把它看作是"无稽之谈",那就大错特错了。即使是尚未完全认识的概念,只要出色地加以计划和利用,也会产生巨大的经济价值,并抢先占领市场,这样就有助于日本取得他们所寻求的优势地位。

我们现在对自己在其他技术领域所持的自满态度感到懊悔。可是,有谁在60年代曾认真对待日本首创的小型汽车呢?又有谁在70年代慎重思考过日本要在十年内成为世界上首屈一指的生产消费性电子产品的国家这样一个国民目标呢(现在,哪台美国录像机内没有日本的部件)?1972年,当日本还在生产第一个商用微电子芯片时,他们就宣布了这项至关重要的"美国造"技术的国家计划,可是,当时有谁会想到,十年之后他们竟会在最先进的存储器芯片方面占领了世界市场的一半。我们现在是否又要重蹈覆辙呢?这种自满情绪,这种只注意眼前利益而忽视长远目标的做法,将对计算机这个最重要的工业经济的兴旺带来灾难性的后果。日本可由此而成为世界上占支配地位的工业强国。

我们在撰写这本书时虽忧心忡忡,但基本上还是乐观的。因为毕竟是美国发明了这项技术。只要我们能集中自己的成就，我们就能像在第一个计算机时代居支配地位一样，轻而易举地占据第二个计算机时代。现在我们还领先两三年，这在高技术世界中是一个很大的差距。可是，我们的优势正在一天一天地削弱。

美国需要一个全国性的行动计划，需要为未来知识系统制定一个像航天飞机计划那样的计划。我们力图在本书中说明这种新知识技术（它起源于美、英两国）的研究情况，以及日本发展该项技术并使之商品化的第五代计算机计划。我们还概述了美国对日本这个非同一般的挑战所作出的软弱而且几乎是不存在的反应。此事关系重大，在贸易战中，这可能是决定性的挑战。我们将起而应战吗？如果我们仍然漠然置之，就可能使我们的国家沦为后工业化社会中的第一个"农业大国"。

第一章 国家的新财富

一、 推理与革命

能推理的动物终于造出了能推理的机器。

对这种势在必行的事有谁敢故作惊讶呢？展现智能为人之所长；制造机器也是人之所长。有史以来，人就擅长于把这两者完美地结合在一起。

制造能推理的机器需要一种特殊的成分。虽说这种成分并非是神秘莫测的，但也不是与生俱来的某种东西。取得这种东西的过程就是智能产生的过程。这种特殊的成分就是知识。知识不同于信息，它是经过修剪、成形、解释、选择和转换后的信息。我们像艺术家拾取创作素材一样，每天都在摭拾信息作为原料，然后把它们制成小小的人工制品，与此同时，这也是人类小小的业绩。现在，我们已经发明了能做这种工作的机器，这正如过去我们为了扩大自身肌体的功能而发明了机器一样。我们期望这种机器像人一样去实现从改善我们的生活到使我们富有起来的各种目标。如果能用这种机器严惩敌人的话,那么我们也不加反对。

本书主要讨论的不是推理机器的本身,而是那些制造出最初(可以说是原始的)样机的人,以及那些致力于大规模生产推理机器的人。大规模生产反映了本书所要阐述的主题思想之一,即由量变导致质变,也就是科学家们所熟知的变化一个"数量级"所造成的效果。

在东京一幢不显眼的办公大楼里,一群具有高度献身精神的年轻研究人员正在设计新一代的计算机。这种计算机将改变全体日本人的工作方式,无论他们是渔民还是握有实权的企业经理,是农民还是店员,是科学家还是学生。这一革命的工具将称为知识信息处理系统(KIPS)。新一代计算机将成为世界上前所未有的功能最强的机器,它比现有的机器效能高出一个数量级。然而,这种计算机真正的力量还不在于处理速度,而在于推理能力。它们能利用大量信息来进行推理,并随情况的变化而随时选择、解释、更新和转换信息。知识信息处理系统将把按用户需要加工过的大量知识传输给用户使用。

日本人都在期待着这种新型计算机能进入社会的各个阶层。有了这种计算机,用户能用通俗的日常语言、图像或通过按钮和书写来进行人机对话。使用这种计算机既不需要具备任何特殊的专长,也不需要掌握有关的程序设计语言的知识,用户甚至不必把要求提得很具体、很明确，因为它们具有推理能力，能通过询问和联想来了解用户究竟想做什么，或想知道什么。此外，这种新机器价格便宜、性能可靠，适用于办公室、工厂、饭馆、商店、农场、渔场和家庭。

日本人希望，到 20 世纪 90 年代，这种计算机将成为核心计算机，即成为全世界普遍使用的计算机。他们也希望用这种高效率的推理和知识处理来转变他们的社会，进而拯救他们的社会。因为从长远来看，这是日本经济发展的唯一出路。他们将不仅把知识本身出售给世界各国，而且也将出售知识密集型产品和提供有关的服务。日本人认为，这些产品和服务的设计需要密集的知识，这方面的优势势必会给他们带来大部分世界市场。

本书的议题之一是：所谓革命、转变和拯救等口号如何付诸实现；议题之二是：其他国家将受到这一革命的哪些影响，以及它们对此将作出哪些反应；第三个议题是：其他国家一定会以某种方式作出反应，如果反应不力，又将会导致怎样的不良后果。

全书贯穿着一些重要的论题，例如，前面已谈到过的一个论题，量变如何导致质变，即"数量级"变化的效果。这一主题思想将在全书中反复出现。还有，勇敢会得到酬劳，怯懦或愚蠢将付出代价。此外还分析了获得新财富的可能性有多大。

综观全书，其主题思想是：知识在现在和将来，在人类生活中都处于中心地位。众所周知，知识就是力量。能扩大人类知识的机器，也能扩大人类的力量。

二、 知识就是力量

　　早在公元前 400 多年，中国周朝的孙子就写了一篇名为《孙子兵法》的短篇论文，为如何成功地指挥战争提供了许多知识。孙子的智慧是不朽的。经过了廿多个世纪以后，这部兵法为毛泽东主席所借鉴；其全文也为第二次世界大战时期日本帝国海军将领所熟记。80 年代的《美军野战手册》就是引用孙子兵法的一句话来开宗明义的。该手册标志着美国自南北战争以来野战战术发生的第一次重大变化。孙子说，知识乃是力量，它使智慧的君王和仁慈的将军攻而无险，胜不流血，建立盖世功业。①

　　纽约证券交易所最近发表了一篇专题论文，用一种不那么富有诗意的语言阐述了同样的道理：生产率的提高取决于有更多的资本，更好的资本，但是最主要的还是取决于"更精明地运用"手中的资本。②美国企业界领袖们同孙子及其国际上的大批信徒一样关注战争的艺术。但在 20 世纪，战场已经转移。当代重要的战场已不是古代中国的高山深谷，而是国际市场了。

---

　　① *Tao and War*, *Lao Tzu and Sun Tzu*, trans. Charles Scamahorn (Berkeley, CA: private printing, 1977).

　　② "People and Productivity: A Challenge to Corporate America." Study from the New York Stock Exchange Office of Economic Research, November 1982.

世界上没有一个国家比日本更了解这一点。日本计划在 90 年代初期,利用已积聚起来的人类文明知识作为杠杆,以求在世界贸易中取得优势。其他发达国家,特别是英、法两国,认识到日本计划的明智,因此也在着手制定他们自己的战略。每一个国家的方案,包括日本的方案在内,都围绕着发展一种以知识为中心的新技术。这种知识将把知识持有者手中的小小优势变成在任何竞争中都能起决定作用的、强有力的优势。

美国曾经开拓了这项技术(该技术已成为世界各国拟定国民计划的基础),数十年来在信息技术方面一直处于领先地位,令人难以置信的是它自己却没有这样的计划。一些工业家和少数政府官员已对国外的这些计划警觉起来,同时认识到,如果没有一份相应的计划将会产生怎样的后果。然而,总的看来,其他国家的这些计划将是对美国目前在计算机、金融、工业生产、生活水平等各方面所占优势的一场挑战,许多美国人对此却无动于衷,甚至一无所知。同往常一样,不知为什么,我们常常采取听其自然的态度。由于信息技术发展的速度比其他技术发展的速度快得多(平均每两年价格减低一半,能力增加一倍),因此,事态的发展就不大可能像美国人所希望的那样称心如意。

三、 汽车与智能机器

如果一个人表现得很聪明,我们会说:"啊!这人真聪明。"而制造具有智能的机器历来是人工智能科学领域的一个明确的目标。人工智能科学开创于二十五年前刚出现数字计算机的时候。尽管对这门学科始终存在着分歧与疑虑,但毕竟还是创造出了在一定意义上有推理能力的机器,其推理能力常常比得上或者超过给他们发指令的人。在某些情况下,还能同从事同类工作的任何人相匹敌。

智能机器与汽车极其相近。因此,在 1890 年,即第一批汽车出现的时候就可认为是人工智能的开端。尽管这些都是手工制造的老式汽车,但毕竟是自动汽车,而与各式马车和雪橇大相径庭了。

日本人已经研究过这种原始载客机车的智能。其结论是:在一些主要技术取得进展以后,这种机器可以成为大批销售的商品。兰顿·奥尔兹和亨利·福特在审视了"奔驰"和"戴姆勒"汽车中装备的定制机器以后,高瞻远瞩地预见其未来发展的前景。现在日本人以同样的远见,决定改进并大批生产这种智能机器。这就是说,所有那些先驱者视为不可避免的手摇曲柄、调节油门及把握方向盘等动作都会取消。诸如程序语言的设计,使不同程序兼容,将人类知识转变为机器所能接受的形式等棘手的问题,都不会出现在日本的第五代计算机中。此举本身已属卓越非凡,然而日本人还打算为这种新机器提供加油站,开辟新路,为使用者提供必需品,并为供应者提供收入来源。这样,我们扼要回顾了作为个人的交通工具,从其第一辆手工制造的"奔驰一号"发展到"本田思域"的历史,因为这些新机器也是"自动车",即自行推动的智能工具。

从时速约六公里的步行速度发展为时速六十公里的汽车速度，其变化幅度相差一个数量级。尽管这种变化在数字上并无多大意义，但已完全改变了我们的生活。后来一个更大的数量级变化就是从汽车发展到时速六百公里的喷气式飞机，这也同样使我们的生活发生了质的变化。这就是日本人开发新一代计算机规划的核心所在：计算机在计算速度、能力以及推理方面的量的变化，必然会导致我们的生活产生难以预测的质的变化。对于目前我们大多数人所熟悉的计算机，远没有发展到老式汽车的水平，至多只能算一辆自行车而已。

四、 伟大的设想

日本人正在规划开发一种不寻常的产品，这种产品并不是来自矿山、深井、农田或海洋，而是来自他们的头脑。这种奇妙的产品就是知识。像其他国家包装并销售能源、食品或工业品一样，日本正在计划包装并销售知识。他们准备向全世界提供下一代计算机，即带有智能的第五代计算机。①

日本人认为："日本土地不足，人口密度是美国的四十倍，食品无

---

① 把下一代计算机称为"第五代计算机"，在美国计算机工业界某些人士中引起了争论，他们声称当这种计算机进入市场时，将是第六代计算机了。为了回避名称方面的争端，我们采用了日本人的提法，称之为"第五代计算机"，对这种称呼的正确与否，暂且不加评说。

法自给，能源自给率只有 15％，石油自给率仅为 0.3％。但从另一方面来看，我们拥有一种宝贵的财富，那就是头脑中的知识。日本有丰沛的劳动人口，他们不仅工作勤奋，而且在教育、智力和素质方面都达到很高的水平。因此，我们希望利用这一优势，把信息培育成为可以同食品和能源相媲美的新资源，并着重发展与信息有关的知识密集型工业，这种工业将使人们能随心所欲地处理和运用信息。"①

1981 年 10 月，当日本首次向世界透露第五代计算机计划时，日本政府宣布，将在 80 年代，由政府提供 4.5 亿美元的种子基金，同时，参加该项计划的企业界将投入相同的，或许是此数额两倍的资金，并且将聘请数百名一流科学家参与该项规划的开发。他们的目标是开发用于 90 年代和 90 年代以后的计算机，即能用自然语言与人交谈，并能理解语言、图片的智能计算机。这些计算机将能学习、联想、推理和决策，以及具有其他我们一向认为是人类所特有的理性行为。

日本人宣称："世界各国已把日本视为'经济强国'。因此，如果我们要考虑工业发展方向的话，显然不再需要追随那些发达的国家。相反，我们应该致力于在研究和开发中发挥领导能力和创造力，并率先在全世界发起这样一项规划。"他们又说，由于发起了这项特殊规划，日本已在计算机技术开发领域中充当了世界领袖的角色。

他们为什么特别选中计算机呢？"计算机工业对其他各种主要技

---

① 本节中的引文，除另有注明以外，都引自 *Proceedings of the International Conference on Fifth Generation Computer Systems* （New York：Elsevier-North Holland，1982）。

术影响很大。因此,我们在计算机领域创立这样一项国民规划,将对其他工业领域制定研究和发展体系的方式产生很大的影响。"而且,"我们进行的努力不仅可促进我们自己计算机工业技术的发展,也为我们的国家提供对外竞争的力量。依靠我们对这样一些主要领域的开发进行投资,我们也履行了一个经济强国应该承担的义务"。也就是说,日本人明白,如果他们这项幻想般的计算机规划获得成功,那么他们就掌握了影响国内外所有工业的力量。第五代计算机是一项微妙的经济战略。

大约六个月以后,在 1982 年 4 月 14 日,日本正式成立了一个领导这项为期十年的研究开发计划的机构,称为新一代计算机技术研究所(ICOT)。初期投资和在东京的新实验室都由日本政府提供。该所成立不久,就发表了如何设计这类机器的首批工作报告,[①]招聘了第一批专职科学家,并制定了详细计划,使他们可以逐步地、有条不紊地进行工作,随时评估工作的进展,充分利用每项成果,来随时调整和修正错误。

第五代计算机将不只是一项技术上的突破,而且日本人还期待这些机器能改变他们自己乃至全人类的生活。智能机器不仅会使日本社会在 90 年代变得更加美好、更加富裕,而且还将明显地影响其他领域,例如能源管理和帮助解决老年化社会所产生的问题等。此外,这

---

① 这些工作论文都收录在上页脚注提到的 *Proceedings* 中。

种新机器"将在一切工业领域起着有力的推动作用，以帮助那些难以提高生产率的领域来提高效率。"这些领域包括第一产业（例如农业和渔业）和第三产业（例如服务、设计和一般管理）。

这些只是我们能够看到的领域。这项研究将为我们开辟一些宇宙中还全然陌生的领域。

日本人说："开发尚未探索过的领域有助于积极地推动人类社会的进步。通过促进人工智能的研究以及制造智能机器人，我们就有可能更好地了解生命的机制。即将实现的自动翻译将有助于不同语言的民族之间的了解，减少由于误解和无知而产生的问题，并在交流文化的基础上进一步增进这种了解。由于知识库的建立，人类积累的知识可以有效地加以储存和使用，这样就能迅速地推进整个人类文化的发展。人类借助于计算机将能更容易地获得洞察事物的能力。"

多年来，日本不断派遣科学使者到西方，学习美国、英国及欧洲其他各国在人工智能中的开拓性研究。日本人已抓住了贯穿人工智能研究的重大科学主题。他们准备把一些分散的专题研究集中起来，发展成为重大的国家计划。如果这项计划得以成功，即使是部分成功，那么，日本就将在世界信息工业方面居于遥遥领先的地位。

日本的"第五代计算机规划"清楚地表明，日本最早认识到信息是国家的新财富，它相当于亚当·斯密时代从产品和土地租金中获得的金融资本。日本也是第一个有意识地采取行动的国家。在这项规划中，体现出日本人正遵循已发现了近二十年的一个真理而行动着。世界正进入一个新的时期，在农业和工业阶段依靠土地、劳力和资本，即依靠自然资源、资本积累，甚至依靠武器来创造国家财富，在未来将转而依靠信息、知识和智能。

这并不意味着传统形式的财富将变得不重要了。人类必须填饱肚子，必须消耗能源，人类也喜爱制成的商品。然而所有这些过程的控制权将归于一种新的权力形式。这种新型的权力将包括事实、技能、经过整理的经验及大量容易获得的资料，而所有这些都将迅速而有效地提供给任何需求者——学者、经理、政策制定者、专业人员和普通市民。而且，这些将是可供销售的。

五、　国家新财富的发动机

1776 年，亚当·斯密发表了他的经典著作《国民财富的性质和原因的研究》（也译为《国富论》）。这无论对美国人、还是对其他资本主义国家来说，都是值得庆幸的大事。除了其他许多引人注目的见解之外，现代读者不能不注意到斯密对机器的赞赏，甚至是迷恋。

攻读经济学的学生们都会记得，亚当·斯密提出了一个资本主义的模式（该模式通常就在他的头脑里），这是一个巨大而相互作用的整体——机器，其能量得自在一整套相互紧密依赖的部门之间循环流通的商品和金钱，这种流通可以用斯密所创立的分配理论来加以描述。

在一部斯密的早期论文集中，他写道："系统在许多方面类似于机器。一部机器就是一个小的系统。事实上，它创造出来是为了执行和联结行家们所需要的不同动作和效果。而一个系统则是一部想象中的机器，它被发明出来是用来在想象中联结那些已实际执行的不同动作和效果。"

他这里是在研究思维及其对联系和条理的"天然偏爱"。斯密把这种偏爱视为基本的心理法则。然而，他也是在为自己喜好联系进行辩护。《国富论》中提出的远见卓识已相当出色地说明了这一点。

"分配理论"为斯密所创，他是吸收了当时学者们的许多观点。他在思想方面受牛顿的影响最大。他在研究自己所处的社会以及周围人们的行为时，采取了牛顿的"实验方法"，这种方法融合了培根的归纳推理法和笛卡尔的演绎推理法。斯密的经济法则与牛顿的机械定律相对应。斯密认为人类存在于社会之中，而不是处于孤立的状态中，他们的相互依赖性必须从整体角度加以观察和体验才能了解。这一信念（他的朋友大卫·休谟也怀有同一信念）也反映了牛顿对整体的看法。

因此，斯密把社会想象成能把劳动力变为资本的一部巨大机器或一个系统，如同物质的机器按牛顿定律把能量转化为动力一样。社会机器生产财富，并且财富能够增长，能够给其主人——国家——带来政治力量。斯密写道："任何国家的土地和劳力每年生产的价值只能依靠增加劳工数量或提高已雇佣劳工的生产率来增长。"

我们同意这个观点,但我们也要从这里与亚当·斯密分道扬镳。因为我们接下来就要说,国家的新财富将不是来源于土地、劳力或单纯的资本,而是来源于知识。知识将能增加所有劳工的生产率。前面提到过的纽约证券交易所的研究结果认为,较好的人力资本也就是"能更聪明地工作",它将在总的生产率增长幅度中占有五分之一到一半的比重。这是根据过去十年的调查情况所作的估计,未来所占的比重将有更惊人的增加。①

同亚当·斯密一样,我们也因一部机器的启发而写这本书,但是它不同于亚当·斯密所熟悉的、给他启发的那些机器,因为其目的不在于转换能量而是转换信息。我们认为它所作的这种转换提出了解释人类社会状况的一种新的模式,而且比目前的斯密模式更适合于20世纪的后期社会。

请细想一下:日本人已经宣布要开发一种计算机系统,用他们的话说:"这将是跨越以往三十年技术的一次飞跃。"日本人在谈到自己的情况时说:"无论从何种意义上来说,我们的社会都即将进入一个过渡时期。这是一个诸如能源情况等内外环境发生变化的时代。我们要建设一个富裕的、自由的社会,要克服能源及其他资源的不足,同时,我们还必须对国际社会作出一个经济强国所应该作出的贡献。"

---

① "People and Productivity: A Challenge to Corporate America." Study from the New York Stock Exchange Office of Economic Research, November 1982.

"在进行这个过渡时，信息化和以计算机为中心的信息工业将起重要的作用。在 90 年代，当第五代计算机被广泛应用时，信息处理系统将成为经济、工业、科学、艺术、行政管理、国际关系、教育、文化和日常生活等各社会活动领域的主要工具。信息处理系统将在解决预期会产生的社会症结，以及在通过有效使用社会成员的才能来推动社会沿着更理想的道路前进等方面起积极的作用。"

总之，日本人把信息看作是他们能保持繁荣的关键所在。这种信息通过遍布各地的信息处理系统，犹如空气一样充满整个社会。他们说："在这些系统中，人工智能将得到明显改进，甚至接近人的智能。与传统的系统相比，其人机联系将更接近人的系统。"这就是说，他们的目的在于制造一种新的机器，这种机器不仅使用方便，反应灵敏，而且更接近人类所习惯的各种交流方式。

日本人在全力以赴地制定第五代计算机规划时，并没有浪费时间去进行那些枯燥无味的争论——那些西方知识分子非常热衷的围绕着一部机器是否真的会具有智能所进行的争论。他们看我们对这一话题的迷恋正如我们看他们吃生鱼的习惯一样，是一种奇特的、令人困惑的而又无害的文化修养上的怪癖。相反，他们争论的是如何以最佳方法设计一部智能机器，一代真正新型的计算机，或者说将产生国家新财富的发动机。

第五代计算机将通过彻底摆脱目前计算机的一般基本设计方法来达到上述目标。

大多数人把前四代计算机按其主要技术特征依次分为：电子管计算机；半导体计算机；集成电路计算机；超大规模集成电路计算机。我们目前正处于第三代的末期。超大规模集成电路计算机将在80年代盛行。这四代计算机一般都被称为冯·诺伊曼（John von Neumann）机器——以数学家及计算机科学的先驱者冯·诺伊曼命名，它们由中央处理机（或称程序控制器）、存储器、运算器和输入/输出装置组成。它们多半采用串行、步进的方式进行操作。这种设计证明是很有效的。然而第五代计算机将抛弃这种结构。它们将采用新的并行结构（统称为非冯·诺伊曼结构）、新的存储器结构、新的程序设计语言以及能处理符号而不只是处理数字的新的操作方式。

第五代计算机不仅在其所采用的技术上与众不同，而且在概念及功能方面也不同于大家所熟悉的前四代计算机。这种新型计算机将以"知识信息处理系统"或KIPS著称。

这个名称极为重要。它标志着计算机的功能从目前单纯的数据处理到知识的智能处理的转变。这些新机器将经过特殊设计而具有人工智能的功能。关于这一点我们以后再作详细说明，现在不妨概括地说，知识信息处理系统是专为从事符号处理和符号推理而设计的。

从本质上来看，世间大部分的工作都是非数学的，只有一小部分活动的核心，才采用在工程和物理学中应用的公式加以描述。即使像化学那样的"硬"科学，大部分思考也是靠推理，而不是靠计算来完成的。生物学、大部分医学以及法律也都是如此。有关企业管理的几乎所有思考也是靠"符号推理"而不是靠计算来完成的。总之，专业人员所进行的思考几乎全都是通过推理而不是通过计算来完成的。当计算变得越来越不值钱，而专业人员指望计算机专家帮助他们摆脱日趋繁重的信息处理负担时，他们就会要求采用包含自动推理及使用符号知识在内的各种方法。

这些方法实际上已在使用了。称为"专家系统"的小规模试验已经揭示了计算机能够具有如同医疗诊断、地质探矿等一样的智能行为。这些专家系统从事工作的方式同人类专家极其相似，都是将书本知识同实际工作经验相结合，然后对眼下的情况（病人、山脉或盆地），作出有根据的推断。这种人类所具有的专长，我们称之为智能、直觉、灵感及职业特性。当机器表现出同样的行为时，那就没有理由不把它同样地称为具有智能了。

目前的计算机可以按程序去执行的那些工作，可以达到很高的专业水平，有时会超过专家（甚至超过那些为机器编制程序的专家）的水平。此外，计算机能在极其广泛的领域内显示出它的专门知识，而新的专家系统还在不断地设计出来。但是，就专家系统的实际应用而言，目前的计算机在速度和能力方面还处于相当原始的设计阶段。为第五代计算机设计的类似人类智能的大规模知识处理，要求其硬件和软件按比例增加几个数量级。

为了独揽全部利益，日本人并不忽视为改善传统计算机性能而进行的研究与开发。一项称为"国家超高速计算机规划"的研究计划已经在实施,以发展一种超过现有计算机能力一千倍的计算机。这是在日本国家电子技术综合研究所(Japan's National Electrotechnical Laboratory)领导下,由六家主要计算机制造商(富士通、日立、日本电气、三菱、冲电气和东芝)联合进行的一项计划。政府提供的种子基金及六家公司的拨款最终将达两亿美元,预计在 1989 年完成。由政府资助或由各大公司独立承担的其他研究计划也在进行之中,以求解决图像处理、改进逻辑电路和处理机中的硬件技术等问题。来自美国洛斯阿拉莫斯和列弗莫尔国家实验室的一批美国科学家,于 1982 年访问日本之后说:"目前日本厂商提供的大型计算机系统正在接近现有的最佳水平。"他们概括了自己的感受:"日本已开始了一种给人以深刻印象的全国性努力,以取得超级计算机技术在世界上的领先地位……虽然目前尚不清楚这些研究计划到底能完成多少。但是,即使是部分成功的话,也将是引人注目的,而且可能使日本计算机工业在超级计算机技术方面凌驾于美国之上。"①

我们对日本的第五代计算机也可以作同样的评价。虽然有些批评家从技术角度提出不同意见,但我们认为单是设想并着手实施这项规划的本身,就已经把日本置于世界领导者的地位。即使他们只达到

---

① R. Ewald, *et al.*, "Foreign Travel Trip Report: Visits with Japanese Computer Manufacturers." February 1~10, 1982, CDO/82-6782A, Computing Division, Los Alamos National Laboratory, Los Alamos, NM, April 5, 1982.

22 | 第五代：人工智能与日本计算机对世界的挑战

一小部分目标，日本仍将取得令人羡慕的领先地位。正如他们自己所说的："我们先于世界其他国家开始第五代计算机的研究和开发规划，确实有很重大的意义。"①

我们不妨把所有这些看作是贸易战中的又一场冲突，而这类贸易战早已在钢铁、汽车和消费电子工业方面进行了。想到在信息处理工业领域又要有一场对抗，气急败坏的美国人很可能会用棉花塞住耳朵，以免听到为自怜美国工业衰退而奏出的阴郁挽歌。

然而，且不说为我们的经济保障，就为美国自身的利益，也不允许我们闭目塞听。信息处理是美国的一项年产值达 880 亿美元的工业。因此，失掉这一工业将造成灾难性的后果。已领先于世界各国数十年的美国信息处理工业如果出现问题，那将会造成致命的经济创伤。②也许更重要的是，由此会引起与之有着错综复杂联系的、性质迥然不同的整个社会问题。二流的地位除了对于三流地位的优势外，实在不值一提。这种社会问题最终会转化为政治问题。优势的技术常能帮助打赢战争——不论这战争是军事的，企业的，还是文化的。正如孙子告诫我们的那样：智慧之优势可以赢得战争的胜利。

① "Outline of Research and Development Plans for Fifth Generation Computer Systems" (Tokyo：Institute for New Generation Computer Technology〔ICOT〕，May 1982).

② 在这方面，瑞士的钟表工业很能说明问题。瑞士钟表业在不到十年时间内就一落千丈，从原来称霸世界的地位降为类似一件古玩珍品的处境。它目前唯一希望达到的目标就是：抓住极小部分的电子表市场，同时给少数人提供机械手表，例如，希望炫耀财富的阿拉伯酋长，徒步旅行者，发展中国家那些担心买不到电池的人们，以及只是希望在抽屉里备上一只优质表的人们。

六、 日本决心成为第一个后工业化社会

哈佛大学社会学家丹尼尔·贝尔(Deniel Bell)在一篇很具远见的社会预测报告中,简述了他称之为"后工业化社会"的概貌。虽然贝尔在1976年出版的这本书里只字未提日本人,但日本人却已开始以贝尔所预见的后工业化社会可能具备的特征来塑造这样的一个社会。

贝尔所说的这种后工业化社会的"轴向原理"就是理论知识的中心及其对理论知识的编纂整理。沿着这个轴向的是新的智能技术、知识阶级的扩大,从商品转移到服务,工作性质的变化等等。就日本的情况而言,新的智能技术就是人工智能,也就是扩大人类思维的机器。这种技术将同已改变我们思考方式的书写、印刷、数学及其他技术处于同等地位。

贝尔还预言,后工业化社会中的主要机构将是大学、科学机构和研究公司。确实,日本实现第五代计算机的三个部门正是由大学、独立的研究所,以及八大公司的研究所联合而成的。贝尔说后工业化社会的首要资源是人力资源。日本人说:"人力资源就是我们的一种宝贵财富。"贝尔说后工业化社会的经济是以科学为基础的。日本人说:"我国的产品由于其性能、结构和知识密集性等特点,将在各自领域里成为独一无二的专业化产品,这些成就将进而为推进我国各种工业实

现真正的知识密集型而奠定基础。"①

当然，后工业化社会也有它的问题：科学和教育应采取什么政策？公共部门和私人部门如何平衡？这种社会如何对付官僚政治和敌对文化？②

但是，这些问题同驱使日本制定第五代计算机规划的问题相比就显得无足轻重了。日本是一个拥有 1.1 亿人口（相当于美国人口的一半）的国家，但其面积比美国蒙大拿州还小。③没有什么自然资源，可耕地也少得可怜。对大多数国家来说，这种处境就是向世界银行伸手的理由。过去，这种处境曾使日本走向战争。现在，面对这些始终存在的问题，日本采取了主动，精明地认定第五代计算机能使日本在争取成为后工业化社会的竞赛中领先。

日本作此努力的最主要和最明显的原因是：这类机器能够促使生产率提高，尤其能成倍地提高知识工作者的生产率，这里所说的知识工作者是指专业人员以及办事人员。我们将会看到，知识工作者将成为发达国家劳动队伍中的主力，他们的地位也会提高，因为生产率的大幅度提高将对经济产生巨大影响。

由于设计与制造方面所显示的高度知识水平，日本出售的产品的质量远远优于其他竞争者，从而使日本人也希望能支配传统产品的市场。第五代计算机除了会带来各种经济利益以外，还将带来一种同样

①② Daniel Bell, *The Coming of Post-Industrial Society* (New York: Basic Books, 1976).

③ Ezra Vogel, *Japan as Number One* (New York: Harper Colophon Books, 1980), p.9.

重要的无形东西,我们称它为"生活质量"。显然,任何一个人都能迅速而轻而易举地得到所需知识的社会,一定是十分令人向往的。

许多观察家,特别是美国的观察家都以怀疑的态度来对待日本人宣布研制第五代计算机这件事,然而这场富有远见的国家赌博的成功率,实际上要比人们对它的预测来得高。

首先,日本人确实了解未来是什么样子的,并且也据此制定了一项国家的政策。傅高义(Ezra Vogel)在《日本第一》一书中直截了当地说:"如果有什么因素可以解释日本的成功,那就是集体对知识的追求……当丹尼尔·贝尔、彼得·德鲁克(Peter Drucker)及其他学者欢呼,由知识取代资本而成为社会最重要资源的后工业化社会到来时,这个新概念也成了日本领导集团所热衷的观点,但这些领导集团只是道出了早已成为日本格言的最新说法而已,这个格言就是:求知最重要。"①

我们只要回顾一下美国劳动力的几次转变,就可以明白这一点。在 1900 年,美国需要近 40％的劳动力从事农业才能养活全体美国人,而现在却只需 3％的劳动力。劳动经济学家预言,不到五十年,制造业也将发生同样的转变。这样,工业工人占总劳动力的比例将从目前的 25％下降到 4％—5％。或许除了法国人以外,没有人期望 50 年代的幻想会实现:我们不愿进入一个工作可以自由选择,但消磨空闲时光

① Ezra Vogel, *Japan as Number One* (New York: Harper Colophon Books, 1980), p.27.

却最令人头疼的社会，相反，其余的人都将是服务和信息方面的工人。贝尔说："后工业化社会是以服务为基础的。因此这是人与人之间的竞赛。影响胜败的不是体力或干劲，而是信息。在这里，中心人物是专业人员，因为他们受过教育和培训，能够为后工业化社会提供日益需要的各种技能。"①

日本人渴求知识。从他们报纸的发行量（人口只有美国一半，但报纸发行量却与美国相仿）、教育性电视节目的影响范围、学生在数学及自然科学等学科方面的表现、读完中学和职业学校的人数，以及联合起来研究解决所面临问题的许多社会团体等情况来看，可以清楚地表明日本人对信息的推崇。日本的劳动力人数也再一次表明：日本人正急切而迅速地走向一个有良好教育、有丰富信息的后工业化社会。

就自然资源而论，那些单纯依靠本身资源的国家现在猛然醒悟了。国际货币基金组织的一位前执行理事曾经说了一句使贫油国家感叹的话：石油财富是"一种好坏掺杂的幸事"。他说得很中肯。一些石油输出国家，从阿尔及利亚到挪威，从科威特到墨西哥，虽然情况各不相同，但它们存在着极其相似的经济问题：任意挥霍石油收入，极高的通货膨胀率，工业发展停滞不前，农业生产下降，以及社会各阶层（劳工、顾客、感到受骗的宗教领袖和被人诅咒的政府官员）之间令人苦恼的冲突。石油输出国组织发言人阿里·A.阿蒂加（Ali A. Attiga）

---

① Bell, *Post-Industrial Society*, p.127.

说，历史可能会证明石油输出国"从它们本身资源的发现和开发中得到的最少，或者说失去的最多"。虽然石油输入国家大概是不会承认这种说法的，但是，只要把日本的生活水平与石油输出国组织中的任何一个成员国作一比较，就可以充分地说明这一点。[①]

缺乏土地和自然资源的日本人确实具备着组成国家新财富的必要条件。日本人热爱知识、高瞻远瞩，并决心开发一种将能改造世界的新技术。

在阐明了第五代计算机将对之产生巨大影响的许多原理、技能和科技领域后，日本人在宣言中又以乐观的态度、过于造作的文句、言之成理地补充说："可以肯定，第五代计算机将会实现我们从未梦想过的各种事物和奇迹。"

这一切听来像是科幻小说，但对日本人来说，这是既真实而又极为重要的。在本书中，我们将证明这对我们大家都是极其重要的。

简单地说，日本作为一个国家，其生存已经危在旦夕。日本人深知要在世界市场上保持竞争力，他们必须在至今还被忽视的领域提高生产率。第一产业，例如渔业和农业，必须知识密集才能提高生产率；第三产业，例如服务、管理和设计，要提高生产率也必须成为知识密集型；至于第二产业（或称为制造业），如果在产品的设计与制造过程中倾注大量的知识，就能以高质量而占据优势。

[①]　Jahangir Amuzegar, "Oil Wealth," *Foreign Affairs*, Spring 1982.

日本是个自负的民族，其文化史可以追溯到公元前 2 世纪，即在大和朝廷统一全国之前。因此，更重要的是，日本人想借助这项规划来表明他们是有创新能力的，而不仅仅是模仿其他国家已开发的技术。日本的民族自尊心已同第五代计算机规划紧紧地联系在一起了。而且正是这种自豪感激发了全日本人民实现这项规划的决心。

七、 今天我已成人

1981 年 10 月召开的第五代计算机系统国际会议对爱德华·费吉鲍姆来说，仿佛是初入社交场的一次赴宴。他坐在东京国民商会的会议厅里，又觉得像是参加犹太教堂为十三岁孩子进行坚信礼举行的典礼。把东京这次会议莫名其妙地想象成犹太人的典礼实在使他觉得有趣，然而，他越想越觉得恰如其分。这是为一个勤劳而前程远大的小孩——日本在信息处理方面的研究——所举行的一次成年庆祝盛会。这小孩即将长大成人了。这是一个值得庆贺的事件。

1980 年秋，一份简略的"关于第五代计算机的初步报告"送到了费吉鲍姆在斯坦福大学的办公室里。费吉鲍姆略微翻阅了一下，替朋友拷贝了几份，然后就把它放进了"待阅"文件夹中。但是，当年 11 月他在欧洲时，爱丁堡大学的一位人工智能研究的先行者唐纳德·米基（Donald Michie）对他又提起这份报告。米基对此报告十分担忧，他认为这是对西方计算机技术的一个确实的威胁。他对遇到的每个熟人都讲述这种威胁。费吉鲍姆承认自己可能在这方面有所忽视。

1981年夏，一份完整得多的"第五代计算机的初步报告"送来了。这一次，费吉鲍姆仔细地阅读了这份报告。他发现，日本人对第一份报告中一些粗浅的部分，现在都已加以发挥，并拟定了详细的行动计划，这给他留下了很深刻的印象。

日本人打算根据十五年前美国在研究人工智能时提出的一个科学概念来进行设计，这个概念就是知识库系统。这个概念经过多年实践已被证明是正确的，而且早已成为美国科学家的基本工作方法。日本人把计划中的新计算机称为知识信息处理系统。这个名称的本身就意味着要编制产生智能行为的计算机程序，最重要的一步是为这些程序提供有关课题的大量知识。由此可见，日本也把知识和事实（而不只是主要的原理）看作是智能系统与非智能系统之间、人类与计算机之间差异的关键所在。

费吉鲍姆同他的妻子H.彭妮·新子（H.Penny Nii，她是一位计算机科学家，在日本出生并在那里长大，十六岁时才离开日本到美国求学）一起研读这份日本的规划报告。读完报告后，她竟无法确定最使她吃惊的是什么，是报告中所提出的各种建议，还是那种非日本式的调子，报告中明确提出日本将取得作为世界领袖的合法地位，抛弃它那过时的"盲目模仿者"的形象，并声称要在高技术领域中充当革命的创新者。她深知日本文化，也知道在日本文化中，像这样的声明是极不平常的。

因此，当日本信息处理开发中心（第五代计算机国际会议的发起单位）邀请费吉鲍姆参加会议并发表演讲时，他接受了。他心里产生强烈的好奇。费吉鲍姆是一位计算机科学家，50年代中期在以冯·诺伊曼命名的琼尼阿克（Johnniac）机上学过程序设计。当时，每一台计算机都是由专业小组集体用手工完成的一个科研项目，他有幸参加了匹兹堡卡内基理工学院的那台计算机的程序设计项目。

自那以后，他亲眼看到计算机从零星制造的项目发展成了重要的世界工业。他看到了计算机科学从一套由数学、电工技术及制造计算机的经验凑合而成的学问，变成了一种重要的理论学科。他所在的斯坦福大学计算机系（1950年计算机系正式成立时，他便进入该系，并两度担任为期三年的系主任）就曾被认为是世界计算机研究的领导者，各地学者纷纷来访，互相交流，然后带着各种新的见解踏上归程。二十五年来，计算机作为一种人工制品已经遍及社会，然而他知道这只是开始而已。

现在他坐在东京的一个会议厅里，倾听通过同声翻译的演说，心里不禁对日本人钦佩万分。凭着艰苦工作和勤动脑筋，日本人可能成功地实现一场知识"政变"，而这场知识"政变"也可能最终成为一场经济"政变"。听众席上的西方人，估计总共有七八十人，其中美国人占了一半到三分之二。他望着这些西方人，很想知道他们是否也有同感。

听众中大部分自然都是日本人。根据日本社会的共感性，推想这些日本人中已有许多人知道了第五代计算机规划。的确，这次会议旨在号召日本管理界和工程界支持这项划时代的规划。因此，费吉鲍姆认为这就是一个非常基本的建立共感的过程，而且几乎是该过程的最后一步（"划时代"是日本人的说法，不过费吉鲍姆也认为他们说得对）。这次会议既是一次科学会议，也可以说是一个宣誓仪式。

美国的另一位与会者是《商业周刊》记者米切尔·雷斯尼克（Mitchel Resnick）。雷斯尼克来参加这次第五代计算机会议其实完全是出于巧合。《商业周刊》正在研究日本的一般技术，而研究小组访问日本时正好遇上了第五代计算机大会。雷斯尼克在会议开幕的那一天感到迷惑不解。他通过同声翻译倾听开幕式上的讲话，并且觉察到译员单调的翻译已略去了许多令人兴奋的东西。不过，第二天费吉鲍姆的谈话使他了解了其中许多具体情况。

费吉鲍姆谈的第一点是，硬件方面没有明显的障碍会影响第五代计算机规划取得成功，有关工程师能够提供任何需要的硬件。70 年代是硬件发展的鼎盛时期，80 年代则是过渡时期，90 年代将是软件技术空前大发展的时期，而最重要的是那些新软件思想将完全改变"计算"的概念。

费吉鲍姆承认科学与技术需要创新，同时，他也告诫那些保守而反对冒险的日本经理们，管理方面的创新也是必要的。冒险是必要的，即使冒险失败了，冒险者也应得到奖励。

费吉鲍姆相信日本人有能力开发第五代计算机吗？雷斯尼克直截了当地向他提出了这个问题。费吉鲍姆回答说，软件方面的难题可以找到解决办法，但是要求有很高水平的创新。

雷斯尼克追问道，可是日本人能做到吗？因为雷斯尼克在会场里采访过的一些经理对此冒险并不热情。虽然日本人不会像西方人那样公开相互攻击，但是在彬彬有礼一致的后面，雷斯尼克觉察到了一股怀疑的潜流，一股觉得该规划过激、目标也太遥远的潜流。如果说工业家们赞同这项规划，其部分原因也是他们可以免费搭车，因为日本通产省准备承担最初几年的全部经费。在第一阶段能并不难办，因为谨慎的经理们此时还不需要决定是否把公司基金投入该规划，他们只要同意投入人员即可。不过，即使投入人员也不是区区小事。如果一名日立公司的工程师参加第五代计算机研制工作，那么他就不能再为日立处理机的正常开发出力了。

随着会议的深入进行，雷斯尼克得到的印象是这次会议是为争取支持而精心设计的疏通活动。太平洋彼岸的美国人很容易相信，强大的日本通产省有取之不尽的金钱供他们需用。然而事实上，正如雷斯尼克所看到的，通产省也不得不像别人一样进行游说以筹措资金，因为日本还有其他许多单位要求政府解囊相助。但是，如果通产省能使这次会议给外国人留下深刻印象，那么这个规划就有充分理由进行下去。

雷斯尼克认为，实际上日本已经给外国人留下了很深刻的印象。

经办这项规划并在会议上发言的日本人由于泡在其中已有很久，因而表现得不那么兴奋。但那些初次听到第五代计算机的外国科学家的反响就大不一样了。随着会议的深入，一种感染性的兴奋浪潮也在高涨。同外国来宾的热情相比，日本人反而显得谨慎而踌躇不决。

从某种意义上来说，这次争取支持的努力是成功的。东京大学的元冈达（Tohru Moto-oka）教授在接受采访时对雷斯尼克说，他担心政府提供的种子基金可能推迟一年，因为日本许多政府官员担心赤字开支，而推迟拨款给一个雄心勃勃的长期计划要比削减其他预算容易得多。但是会议结束后没有几个月，第一笔种子基金就拨了下来，这项规划因此就可以付诸实施了。

1982 年 4 月立刻建立了一个研究所。全日本最聪明的年轻计算机研究人员聚集一堂，为新一代知识信息处理机的样机而共同研制所需要的硬件、软件及应用程序。这些研究人员必须在两年内拿出样机系统，因此压力很大。他们的所长是通产省电子技术综合研究所信息科学部门的前主任渊一博（Kazuhiro Fuchi）博士，他显然也是第五代计算机规划的主设计师。

日本人能成功吗？雷斯尼克一再提出这个问题。大多数外国来宾的回答都是：这项规划过于雄心勃勃，其目标很难实现，整个计划很可能会失败。但是日本人如此引人注目地投身于这项事业，这事实本身就使他们成为计算机行业的列强之一。这项计划即使只取得部分成功，其影响也将是举足轻重的。

日本人能成功吗？雷斯尼克再次问费吉鲍姆。

费吉鲍姆字斟句酌地回答说:"他们有两百个看法一致的科学家(这两百人不仅包括新一代计算机技术研究所的四十名研究人员,还包括订立合同在新一代计算机技术研究所指导下工作的那些公司的所有研究人员),这是非常强大的力量。我们知道的比日本人多,但却没有人制定出像他们这样一个计划。"雷斯尼克在文章中引述了这段话,并称说这段话的人为"一位美国研究者"。后来在同一篇文章中他又指名道姓地引述了费吉鲍姆的话:"第五代人工智能计算机正是我们大家一直盼望的计算机。"而这的确是费吉鲍姆所深信不疑的。

不过,费吉鲍姆觉得应该提醒日本人,他们还根本没有建立称作专家系统或知识库系统的那种应用程序的经验。而第五代计算机硬件正是为适应这种程序而设计的。他举了专家系统的一些例子,其中没有一个是属于日本的。"当然这并不坏,它说明需要早作努力。"但随后他又补充说:"如果我是一名通产省的计划官员,那么,把一个需耗费巨额资金的规划建立在这样微不足道的经验基础上,这会使我深感不安。听到这些显赫的设计者们谈论这些伟大的设计,却并没有进一步说明为什么要选择某一组件,哪种经验使他们想到需要某种体系结构或某种软件,这也会使我坐立不安。请不要忘记,这不是一项重大的艺术计划,而是一项科学、工程和技术的规划。凡做事都要有道理,不仅要考虑雅致和美观,还要考虑其功能如何。"

电子技术综合研究所的渊一博(后来被任命为新研究所的所长)

彬彬有礼地回答说:"到目前为止,日本国内在知识工程方面值得一提的第一流成就可能很少,但是尽管数量极少,日本在这方面还是有一定程度的积累和一定的历史,我想借此机会说明,积累的成就尽管有限,但我们正在制订的计划不仅是基于这些成就,而且还基于各方面有关人士的集体意见。

"打个比方说,如果你们的国家像成人,那么日本就可以比作一个婴儿。但是,在我的心目中,日本实际上更接近少年时代。

"我现在谈论少年的举止行为应该怎样也许有些古怪,但是少年必须向成人学习,倾听他们的教诲,并尊重他们的意见。"

而渊一博在发言结束时说:"成年人有时候可能经验太多了。"

第二章　重要的第二次计算机革命

一、　机器能思考吗

　　早在 1959 年,帕梅拉·麦考黛克就经费吉鲍姆介绍,了解了人工智能的思想,即计算机模仿人类的举止行为。那时候,计算机、人工智能以及他们两人都还十分年轻。也许正是由于年轻,尽管当时有许多人花了大量时间在热烈争论关于机器是否真能思考的问题,她却并未认真对待,也没有这样和那样的看法,因为她对这个问题根本不感兴趣。

　　十五年以后,当她开始撰写人工智能发展史时,虽然已经有了下棋和解谜的程序,甚至也有了被化学家用作智能助手的专家系统,但上述问题仍然悬而未决。对于大多数人而言,已不把它称作一个问题,他们断言说:机器不能思考。19 世纪中叶,在开始构思第一台数字计算机的时候,人们已很自信地作出了这个断言;随着电子计算机的出现,人们再次轻蔑地作出了相同的断言;在 50 年代中期,人工智能研究者宣布他们的目标时，又招来了许多非议。尽管某些程序所表现的行为与人类的行为几乎不相上下，然而这种看法仍然根深蒂固。麦考黛克于是迫使自己关心这个问题。

在人工智能出现的二十五年里，在批评人工智能的人中，有致力于使一种还处于原始阶段的新技术作最简单的加和减、合并与分类的计算机专家；有对计算机可能知之不多，但深知思考只会产生于人脑的哲学家（他们也觉察到自己的又一块地盘正被讨厌的经验论者所侵占，甚至自然哲学也被分化成物理学、化学和生物学）；也有根本无法接受"思考"与"机器"合而为一的想法的普通市民。

反对机器智能的理由可以分成四大类：

第一类是感情上的理由。机器决不可能思考，因为这是人所周知的常识。从定义上讲，思考是人类的特长。可以归入这一类理由的，还有对人工智能研究人员所进行的一些意气用事的攻击，他们最喜欢把人工智能研究者们称为"江湖骗子"，仿佛他们明明知道进行这种研究是不可能实现的，却还故意从他们的支持机构骗取资金，并搅乱公众的心情。

第二类理由是两者存在无法克服的差别。思考需要创造力，而任何机器都不可能有创造力。无论如何，智能需要一种特殊的经验，这种经验只有在真实世界中通过相互交往才能获得。智能需要有自主能力，而从来没有一部机器是能自主的。尽管机器能出色地做一些事（如下棋、作医疗诊断等），但除此之外，它并不能做其他的事，比如擅长作医疗诊断的机器对写诗却无能为力。所谓智能就是能应付各种工作的能力。即使一部机器能够做所有这些事，它也并不是有意识在做，而意识却是智能的一个要素。再说，恐怕还没有任何数学理论可以证明机器具有智能。

第三类理由是尚无实例。即使计算机能表现智能行为，但到目前为止还没有人能使它们如此表现。至于这种计算机究竟能否问世，还需拭目以待。

最后还有伦理方面的理由。机器即使能具有智能，难道我们就真的应该从事这样令人望而生畏的，或许是亵渎神灵的规划吗？能够实现并不意味着应该实现。

这些反对意见别处也有人提出过。例如，硅处理器与神经细胞并不一样，然而它们的功能却极其相似。计算机正在学着应付各种不同工作。人类文明远在"意识"这个概念（主要是 19 世纪欧洲的产物）产生之前就已生气勃勃地、"聪明地"向前发展了。不管怎样，如果认为意识的本质是在你心里保持一种关于外部世界的内在模式，那么计算机也同样能具有意识。至于伦理问题，可以说，知识方面的每一个进展都可能给人类带来不幸。虽然我们知道这种事情几乎无法预测，但我们总会不禁自问：新知识给我们带来的究竟是好事还是坏事？总的说来，我们人类宁要知识，不要愚昧，并且认为知识能使人类更加幸福。

然而，最先引起麦考黛克注意的却是感情上的理由，而且这方面的理由一直持续不衰。她之所以感到强烈的吸引是因为：第一，她不知道哪一根敏感的神经深受机器智能观念的刺激，所以她必须从反对人工智能的各种声浪中作出判断。第二，她必须弄清为什么她自己对智能机器的想法无动于衷。

出自感情的理由通常以伪装的面目出现。这些理由体现在学术论文上，也同样出现在给编辑的冷嘲热讽的信件中。这类理由有些讲得头头是道，颇有说服力；有些却是讽刺挖苦，显得无理取闹。例如，反对人工智能的哲学家们就是一会儿逗弄人，一会儿提出深不可测的论点，一会儿又爱抬杠。但他们不愿以理性的态度来接受别人的反驳，或接受任何实际上已经做到而他们却断言"不可能实现"的事，这种态度，只能引起人们的反感。如果哲学家争辩说，机器永远不可能出色地下棋；而当有人设计出了显然能下棋的机器时，他又修正说，机器永远不能成为下棋冠军；诸如此类，没完没了。没有再比哲学家的这种态度更糟的了。

在这些争论意见中有一个共同的假设，有一种根本未加审察的信念，即认为人人都知道"智能"是什么，知道"创造力""独创性""自主"以及"意识"是什么。如果人工智能的研究一无所获，这也就说明了关于智能行为的大多数理论是多么空洞；关于创造力、独创性、自主及意识的理论也同样毫无实际意义。当你想使计算机表现智能行为时，你必须具备一种关于智能行为的精确概念，以便详细地给计算机说明这些智能行为。而无论是心理学还是哲学都不存在这样精确的智能模式。

因此在探讨机器能否思考的时候，必须处理两个问题：其一是，人类智能的整个领域及其表示的意义；其二是，是否任何机器都能表现这同样的行为。人类智能对于科学家来说仍然是非常难以捉摸的，但关于机器智能却已有所了解。

二、 大脑的机制

"智能"一词源于拉丁文 *legere*，原意是采集（特别是水果采集）、搜集、组合，及由此引申为选择和形成一种印象。intellegere 意思是从中选择，由此引申为理解、领会和认识。如果我们能想象出一种能采集、组合，从中选择、理解、领会和认识的机器，那么我们就有了人工智能。从广义来说，这就是日本或美国正着手研制的知识处理机器。

我们能否把它想象出来呢？当然能，我们一向如此。自有文字记载以来，人类对能思考的机器和人工智能就一直怀有极大的兴趣。在《伊利亚特》一书中曾描述过火和锻冶之神赫斐斯塔司（Hephaestus）所发明的一些杰出的机器人，这些机器人都由司职不同的男女诸神定制，以供他们差遣。希腊人仅把这类装置看作是极为灵便的工具而已，同现今陶醉地站在机器人装配线前的工业家并没有什么两样。

然而，在地中海其他地区，却有着反对这种偶像的呼声。动机很复杂,扼要说来,追求创造一种能思考的机器似乎就是在危险地靠近神的疆域,这是人类可能因此而承担极大风险的一种对神的冒犯。

在整个西方文明中,对待智能机器的各种态度虽然随时代变迁而表现不同,但始终都存在着这样一个基本的分歧。比如,中世纪时流传着炼金术士发明铜头的传说,据传这些铜头可以解决数学难题。此外,还有一个称为"有生命的假人(golem)"的人形泥塑物,它是由布拉格的大法师创造的,用来在异教徒中充当耳目。

到了机器时代的初期,人们开始了对能体现"智能"的机器的狂热追求,玛丽·雪莱(Mary Shelley)的小说《弗兰肯斯坦》(*Frankenstein*)达到了这种追求的顶峰。弗兰肯斯坦博士的无名怪物已达到了象征着科学可能产生的胡作非为的地步,而且值得注意的是,弗兰肯斯坦因对待他的创造物冷漠无情,而给他自己以及他不幸的朋友们招来祸殃。

正当《弗兰肯斯坦》为人熟读,编成剧本,并成为争论一时的话题时,那个想入非非、性情怪僻的数学家查尔斯·巴比奇(Charles Bab-bage)却正在构思一台机器。一般都认为这台机器是现代数字计算机的鼻祖。但巴比奇构思的机器是永远无法造出来的,因为地球上还没有一种机械加工工艺能够加工他的分析机所需要的数百万个精密零件。

即使如此,人们还是纷纷向巴比奇询问,他的机器是否算得上能思考。他的同事,才华横溢的年轻数学家洛夫莱斯伯爵夫人艾达(Ada, Countess Lovelace)写了一篇描述分析机的动人文章,并断言这机器还谈不上真正能思考。这个论断从此多次为人引用。不过即使没有伯爵夫人慎重的鉴定，从与这部机器接触的经验本身也会对这个问题作出最终的回答。

我们现在可以肯定，巴比奇和洛夫莱斯伯爵夫人当时确实怀有这样的想法，即认为他们的机器会思考。巴比奇毕竟曾设想用这机器来消除他所说的"思考这件苦差事"。不管怎样，虽然巴比奇和伯爵夫人的尸骨早寒，但这个争论还会继续下去。

即使在巴比奇死后一个世纪，还是需要有非凡的远见才能想象第一代计算机，它除了计算弹道之外，还可以做其他更有趣的事。这不仅需要有远见，而且还要有洞察力。人工智能之所以成为一门科学而蓬勃开展起来，是因为人们发现计算机这个名称用得极不恰当。"计算机"只有"计"和"算"的含义，其实里面的一大堆东西，如电线、电子管、开关和指示灯等才能操纵各种符号。

虽然年轻的学者热切地指出这个不当之处，但对许多计算机先驱来说，他们却不愿接受。例如，被公认为是计算机领域一代伟人的约翰·冯·诺伊曼就在他最后一篇著述中，还长篇大论地说明计算机永远不能表现出具有智能。

然而，年轻学者并未因此罢休，他们仍然继续研究这个课题。到50年代末和60年代初，在人工智能研究方面的最初实例反映了他们的个人兴趣。例如，在当时出现了能下国际象棋、跳棋及能证明平面几何和逻辑学定理的程序。虽然这些例子离实际应用还很远，但这些研究是相当认真的。这些年轻的科学家明确地表示他们的信念：如果能掌握下棋的本质，也就掌握了人类智能行为的核心。第一批人工智能研究者（他们就以此自居，"人工智能"这个术语约在 1956 年出现）相信，某些重大的基本原则构成了所有智能行为的特征，这些原则既能很容易孤立地存在于国际象棋中，也能存在于其他任何地方，然后再应用到其他需要智能的活动中。

他们的看法部分是对的。智能行为的某些策略最终将被揭示出来。这些策略对读者来说大概并不陌生，例如寻求解答法（用"可靠猜测法"以缩小寻求的范围）、生成测试法（这个行吗？不行，那么换别的试试）、从预期的目标向后推理等等。但人工智能研究者必须揭示这些策略并使之具体明确，因为计算机只受程序控制。目前我们的学校和公司举行了许多关于创造力和问题解答的研讨会，有许多内容得益于早期人工智能的研究。

这些策略是必要的，但单凭策略还不足以产生智能行为。要产生智能行为，除了策略，还需要知识，需要大量的专门知识。只要回顾一下，这一点是不难理解的。因为不管你天资多高，如果不掌握大量关于疾病、症状及人体的专门知识，你就不能成为一名信得过的医生。

把这乱七八糟的一串细节、事实、可靠猜测法、可靠判别法以及经验性知识加入大原则中，这件事本身就冒犯了那些认为智能像物理学一样应该是严谨、简朴、清晰的人们。然而智能并非如此，其实物理学也不是如此。人工智能领域里"内战"频繁，许多研究生也牵连了进去,直到新的混合观点,即专家系统占了上风为止。专家系统是以大量实际的和经验的专门知识为基础,把类似人类解决问题通常所采取的策略结合起来的。幸运的是,使科学不同于教条的正是这些争论和不断改变的观点。也正因为如此,学者们仍然在进行交流。此外,我们应该记住,人工智能正在许多战线上向前推进:机器人学、自然语言理解、图像和语音理解、认识模拟及定理证明等等。专家系统则是其中一项重要的,但并不是唯一的研究。

专家系统或称为"知识库系统"的支持者们手中握有一个法宝,这就是某一种专门知识和用程序操纵这种专门知识的技术在现实世界中的结合。理论是有力的和有用的抽象观念,但是,要使它们的价值远远超出典雅的形式,就必须经受现实的考验。

自相矛盾的是,一方面多亏了专家系统的研究,人工智能研究才获得了新的活力,得以继续向前推进;另一方面,外界人士一向认为,他们以前就能分辨一个国际象棋程序是赢还是输,或者一个机器人是绕过了障碍物还是笨拙地撞到了障碍物上,而现在却忽而茫然不知人工智能是否"管用"了。唯一真正领会人工智能研究的人,是他们的领域已被人工智能渗透并得到加强的那些专家,如化学家和医生。

局外人对人工智能的研究进行了种种指责:指责人工智能的研究已趋于停滞不前;指责人工智能的研究未实现它的诺言;指责人工智能使严肃的科学家感到窘迫;凡是稍有常识的人都知道机器不会思考。除了那些经费受影响(英国就发生了这样的事)的人之外,一般人工智能研究者们并不把这些指责当作一回事。因为首先,他们忙于研究,无暇顾及这些指责;其次,他们天生具有一种历史观。人工智能作为一个科学领域,已存在了二十多年。对于一门科学而言,二十多年实在是一段很短的时间。从生物学的情况来看,在亚里士多德(Aristotle)之后两千多年,门德尔(Mendel)才对基因进行了观察,而又过了一个世纪,克里克(Crick)和沃森(Watson)才发现了双螺旋体,从而解释了门德尔的观察。人工智能研究者认为,人类智能可能同人类生物学一样复杂。

但是,在后工业化社会中由于有了计算机和科学成就,人工智能取得重大进展所需的时间已大大缩短了。日本人又一次开始了令人眩目的快速研究,而美国却几乎还没有开始对付人工智能在科学、经济和心理方面所造成的影响。

三、 同人一样聪明的机器

大多数人在考虑智能机器时,都有一个困难,即我们心目中关于"机器"的概念都是从普遍常识出发,普通所见的机器的功能几乎毫无例外地都是对"能"进行处理,即扩大、分配、转变或调节能。例如,汽车把矿物燃料的能(它本身已经"提炼"而转变)转化成动能,这种转变扩大了人类的动能,为人类服务,使我们驾车要比步行更加便捷。而所有能的转变都可以很清楚地用经典的科学规律加以描述。

然而，计算机却是一种截然不同的机器，它处理的不是能而是信息。当然，这其中也涉及一些能，就像信息的转换涉及电话和广播通信一样。但是，除了对某些专职工程师以外，其他人对计算机中能的转变是毫不关心的。

为了了解计算机作为一种机器的基本功能，我们必须摆脱头脑里固有的概念，寻求一种新的思考方式。计算机是信息时代的宠儿，它的目的当然是处理信息，即将信息加以转换、扩大、分配和调节。但更重要的是计算机还生产信息。计算机革命的实质就是把生产世界未来知识的这个重担从人脑转移到机器上。与圣经旧约《传道书》所说的相反，太阳底下会出现新事物。

不过，这种机器取名不当，常使我们误解。"计算机"一词的含义只告诉我们计算机在历史上的用途，而没有说出它未来潜在的用途。有鉴于此，日本人把第五代计算机改名为"知识信息处理系统"，这个名称还意味着，知识和信息是两个独立的实体。

当电话和电视跨越信息世界和能量世界时，我们已经历了过渡时期。随着第一代计算机的问世，我们就进入了这个新的时代。现在，我们正在进入下一个阶段，即智能机器时代。

狂热者们咄咄逼人地提出一系列辛辣的问题："你们指的智能是什么？这些所谓的智能机器不会像人一样聪明吧？当然，这是不可能的，因为机器所知道的一切都是人类教给它的。"

费吉鲍姆有一天跟麦考黛克说："你知道,事实上并没有像人一样聪明的机器。"

她惊讶地望着他。难道所有那些能胜过专家的程序都是虚假的吗? 难道她听错了吗? 她要求他再说一遍,但是仍然不得其要领。

"你能进一步解释一下吗?"麦考黛克请求道。

"这很容易。比如你着手准备一项要求机器做的事,你根据人类的专门知识精确地指定了工作的细节,你采用了专家小组的全部专门知识,尽管如此,机器仍不能像人一样聪明。不过,一旦这程序与知识都详细地罗列在你面前,你就能立即看出该如何改进,这程序的功能也就一下子超过了人。当机器像人一样聪明时,它就变得无懈可击。机器开始时不那么聪明,但随后它却很快变得聪明起来了。"

由于机器能有条不紊地注意细节、不知疲劳、从不厌烦而且有很高的处理速度,如今再加上拥有推理能力和信息,它们正开始生产知识,而且比教会他们的人更快、更好也更聪明。

出于谦逊,我们确实应该扪心自问:教这些机器的人究竟有多聪明? 从历史演进的时间来说,会思考的动物相对而言出现的时间并不长。还没有许多时间来完善人类的知识。"我的病人患有什么综合征?""培养某种特殊基因采用什么样的实验计划最好?""我该怎样配制最近发现的一种新药?"这些问题的正确答案肯定就在我们眼皮底下,只是我们看不到它们罢了。然而无可否认的是,目前,尚处于原始阶段的专家系统程序却能回答这些问题。而到了将来，比这些更难解的问题将由更聪明的机器来作例行回答。

人类非常善于把感觉信号变为认识符号，也善于用常识来解决问题。但是，我们在大量数据面前就感到畏怯了：我们处理数据往往没有系统、健忘、会觉得厌烦，而且容易心有旁骛。文件和簿记技术帮助我们克服了一些问题，而具有对话能力的计算机将帮助我们再解决一些问题。我们应该为能够认识自己的能力有限，并发明了弥补这些不足的技术而感到庆幸。

四、 相信人工智能

在第五代计算机会议上，一位与会者当场对他所听到的问题提出了一些反对意见。意见并不严厉，但他得出结论说："我想，我的观点概括起来就是，我们对下一代计算机感兴趣，目前，我们是把那些计算机作为人工智能机器来看待的。我大体上同意你们的看法，但是我不想忘记这样一个事实，即与会者中许多人并不相信人工智能，因此他们可能希望把第五代计算机设想成另外一种东西。"

"别相信人工智能。"这真是一种稀奇古怪的说法，好像人工智能是一种神秘的信念，是无法用经验加以证实似的。事实上，这种说法暗指着一场争论。这场争论比我们已往经历过的一些争论（诸如如何选择最佳程序设计语言的争论；知识库方式是不是使计算机表现智能行为最富有成效的方式的争论；以及在人工智能研究的二十五年历史中使之充满活力的其他科学争论）显得更为突出。至于第五代计算机是否最终将成为一种全新的符号推理机器，或者只不过是比前四代计算机更大、更好的一种形式，这些都将在适当的时候得到解决。

真正无法解决的，至少对那些目前抱有怀疑态度的人来说，则是是否相信人工智能。说你不相信人工智能（有许多人用强词夺理的方式和怒气冲冲的态势陈述了这种意见）就等于是说，无论机器做什么，都不能说得上它是有思考能力的。

自从提出计算机可以表现智能行为以来，反对的声浪就一直没有停息过。不管计算机表现出多少智能行为，都无法说服他们。按照教义问答手册的解释，"相信"这个词本身就含有教条的意味，包括可能与不可能两种意思。史蒂芬·底德勒斯（Stephen Daedalus）的一位朋友对他说："我是社会主义者，我不相信上帝的存在。"而底德勒斯则说：我本人只相信硬件，不相信人工智能的存在。

费吉鲍姆已经多次听到过这种意见，他现在喜欢用伟大的物理学家尼尔斯·玻尔（Niels Bohr）的一个小故事来作为回答。有一次，欧洲一位青年物理科学家来拜访尼尔斯·玻尔。他看见这位伟人的前门上挂了一只马靴，觉得非常惊讶，于是就对尼尔斯·玻尔说："玻尔教授，你总不会相信那种旧迷信吧！"玻尔想了一会，然后高兴地回答说："据说不管你信不信，它总是很灵验的。"

五、 思想的水下呼吸器

　　其他领域的科学家提出的反对意见之一是：所谓人工智能是该领域的研究者所作的疯狂的、甚至可以说是不负责任的预言。的确，预言总是还没有实现的东西。举例来说，1958 年有一些人预言，十年之内计算机将成为世界象棋冠军。十年过去了，预言未见兑现，但大多数科学家对计算机下棋的兴趣依然如故。而在二十年过去以后，计算机已经能在锦标赛中取胜了。使计算机下棋能力跨过不成熟阶段的研究工作，几乎都是由人工智能研究人员在艰苦的条件下进行的。下棋机现在已经达到了冠军级水平，棋力能胜过我们中间 99％的人，但它依然只是一小部分人工智能研究人员感兴趣的事，而不是像当初所预言的那样，是发现智能行为规律的中心试验台。就智力而言，一名优秀的棋手只不过是一名优秀的棋手，只能如此而已。我们将会看到，这种结果使我们顿悟，智能就是专门化的知识。

　　每个科学领域的专家对预测未来都不会感到厌倦。相比之下，人工智能专家较之其他许多科学分支的专家更能实现其预言。不管预言有多少能够变成未来的现实，毫无疑问，预言的本身就起着重要的心理、社会和规划的作用。那么，为什么当涉及人工智能的预言时，会有那么多人觉得受不了呢？

答案似乎很清楚。首先，人工智能研究者所作的预言中冒犯人的地方，也正是人工智能观念中冒犯人的所在，那就是人工智能确实存在的这一事实。无可否认，科学家正开始创造一种目的在于扩大人类智能的机器，这是一种思想的水下呼吸器，它将把人的思想带到以前未能涉足的领域。受冒犯的人显然并不把人工智能看作像潜水员的水下呼吸器那样，是能给人更大自由的东西。人工智能严重地、毫不含糊地威胁着他们对于自身的观念。我们以具有智能来证明自己是人类。其他东西，尤其是我们自己双手创造的那些东西，也可能具有智能，这种想法势必将大大改变我们心目中的自我形象。

用一种非常真实而且直截了当的说法就是，目前知识分子正在经历许多工人已经经历过的事，即机器在取代他们的专业技能。麻省理工学院的爱德华·弗雷德金（Edward Fredkin）教授曾经就这个问题提出一些看法："人类是不错的。我很高兴成为其中之一员。我爱人类，但人类毕竟只是人类而已。当然也没有什么可抱怨的。人类在挖沟方面不如挖掘机，举重时不如吊车，载物不如卡车，如没有飞机则人类也就无法飞行。然而这一切并不令我气馁。我们过去曾经有过单凭体力，而不服机器的人，比如大家熟悉的约翰·亨利（John Henry）和蒸汽锤的故事。现在我们又有人反对智能蒸汽锤了。知识分子那种不喜欢机器比他干得更好的想法，同那个约翰·亨利不喜欢在体力上被蒸汽锤超过的想法完全一样。"①

另外也有人像弗雷德金一样，其自我观念丝毫未受智能机器种种前途的威胁。使他们感到震惊的是这一事件的严重性。好在此事只能逐步实现，不会一蹴而就，所以也并不特别使他们不安。当然，也有一些人因为有许多事要了解、要做，而智能机器又能帮他们，所以他们不仅欢迎它，而且还希望它快点实现。他们之中也有人认为"智能"这个术语含有太多假科学的空话，应该增加一点以实验为根据的严密性。对这些人而言，用"智能"这个词描述计算机的行为似乎并不算什么了不起的"变节"。

这也许就是解释麦考黛克面对人工智能时无动于衷的关键所在。她并没有立即看透事情的全部意义。当她把反对能思考机器的理由同19世纪人们解释妇女智力不如男子所提出的理由进行比较时，她才开始有所领悟，她十分欣喜地发现两者完全相同。起先，引证妇女为什么不能真正思考，在她看来只是像一种用来取悦人的演讲材料：诸如，感情的原因、男女之间不可克服的差别、没有实例，以及伦理上的考虑等。但是，她渐渐地开始觉察到其中还有一个更大的道理，即智能是一个由掌权者定义的政治术语。这就使智能这个词具有惊人的弹性。因而，"机器能思考吗"这个问题对她而言，已经根本不成为一个问题。

---

① Pamela McCorduck，*Machines Who Think*（San Francisco：W.H.Freeman Co.，1979）.

六、 书记与权力

然而一个更为基本的问题出现了：计算机真的举足轻重吗？无论从个人还是从全球角度出发，回答都是肯定的。计算机对我们全体和个人都有重要的意义。

在今天大多数人的眼里，计算机就像盲肠，当它不给我们带来麻烦时，我们就不会想到它。很少有人会背诵计算机化社会的陈词滥调，例如，它将如何把我们变成不重要的人，或者说变成机器或机器人等等，这主要是因为结果根本不是这么回事。相反，据最近一次哈里斯民意测验报告，60％的美国人觉得计算机已使他们的生活质量得到改善。不过，对大多数人来说，计算机虽然有用，但并不一定是可爱的。

此外，计算机在很大程度上是间接的、抽象的和不可捉摸的。人们很难想象某种计算机灾荒会像 1974 年的石油危机，或者像旱灾改变了我们的用水方式那样影响我们的生活。

事实上，我们的生活中如果少掉了计算机，就会造成严重的后果。我们不容易看清这一点，是因为计算机排版的报纸仍然同以前一样送到我们家门前；每周的新闻杂志（计算机控制的卫星技术所产生的奇迹）仍然由邮递员递送；我们仍然在开个人支票；我们仍然发行印制花哨的股票来代表投资金额，虽然这些金额在数据库中只是一些尖头信号而已。总之,一道司空见惯的屏幕遮盖了已经发生的革命。①

人们仍然在发表各种保留意见,有的担心失去个性,有的担心失去私人秘密,还有其他种种的抱怨和担心。其中有多少是由这种新兴技术引起的呢?人们所表示的保留意见是否确实反映了他们对计算机感到困惑不解?即使在人与计算机的对话方式大有改进的今天,计算机仍然不那么容易使用。计算机行为似乎是以一些与人类思想形态及人类语言不同的方式,甚至是由互不相容的方式构造起来的。

结果是我们大多数人只能依靠程序设计师来沟通我们与计算机的联系。就这一点来说,我们恰如中世纪的贵族或埃及的法老,自己是文盲,只能依靠书记来传达信息。这种人无法知道他的书记是否准确无误地表达了他的思想,是否抓住了他想表示的一些语气上的细微差别。他发出命令,希望他的命令能准确地传递下去。这一过程同样发生在另一端,他的亲戚通过他的书记倾听这个信息。这样就很容易产生弊端,因为真正的权力是在书记手里,即在少数懂得文墨的人手里。在过去与现在的文盲看来,书写技术似乎是既古怪而又令人不自在的,也许就是因为这个原因,他们才加以抵制。然而,如果他们能自己直接发送并接收信息的话,他们就能拥有更多的权力,而且是真正的知识权力啊!

查理·狄更斯(Charles Dickens)的《荒凉山庄》可以说是一部有关信

---

① 当我们落笔撰写本书的时候,所有这些都在发生变化。数以百万计的人们正以一种新的方式用计算机做游戏,而个人计算机正迅速地成为一种身份的象征。在 1982 年,美国的计算机业中单以电视游戏这种形式所得的收入,就相当于电影行业与录音行业的收入之和。

息价值的不朽作品。小说中的乔是个目不识丁的清扫员。他每天拖着脚步在伦敦街上行走,却完全不懂"画在店铺上方、街角、门上及橱窗里的那许多神秘符号究竟代表什么意思! 每天看到人们阅读、书写,也看到邮递员送信,然而与这一切有关的语言他却全然不懂,这真是地道的睁眼瞎子! 想想这些符号表示什么意义(也许乔确曾偶尔想过),一定是很伤脑筋的,如果它们对别人有什么意义的话,那么为什么对我会毫无意义呢?"

许多人同计算机的关系可以说也是如此。我们是从最广泛的意义上使用"读写能力"这个词的,当然也认识到这种提法有程度之分:有些人能勉强读懂分类广告,却读不了流行的惊险小说;有些人能读懂商业信件,却不会写;有些诗歌散文作家使用语言就像弹奏乐器一样,他的一拨一弹能使人类的想象力得到最深刻的刺激和满足。

因此,使"自然的"思想形式同流行的技术调和已不是什么新问题了。我们已忘记了要学会阅读有多少困难,有许多人至今还读不好书。要是孩子们在读书识字时,也同时学习基本的现代计算机(的确,近来有些小孩已在这样做了),那么计算机也许就不会使人感到陌生了。

文字读写能力赋予我们力量,把我们引入一个丰富而高尚的精神世界(这也是一种思想过程),而这个世界对于文盲是无缘的。计算机的读写能力,即使是目前形式的计算机的读写能力,也能为我们开启另一个世界的大门,而且这个世界最终也将像文字世界一样,任我们自由驰骋。此外,计算机读写能力所赋予我们的力量或许要比笔和印刷机所赋予我们的力量更大。这不是毫无根据的宣传。正如人的肌肉力量因有许多专用机器而得以扩大一样,人的思维能力也一样可以得到扩大。计算机不仅将改变我们的思维内容,而且将改变我们的思维方式。下面要谈的网络冒险,只是其中一个普通的早期例子。

七、 设计的再设计

第五代智能计算机不是孤立的装置。普通用户在办公室或家中看到的每一台机器都将拥有强大的推理能力,它将超过目前符号推理程序可能达到指标的几个数量级。我们还记得,日本人希望把目前计算机的速度从每秒完成 1 万—10 万个逻辑推理步骤(LIPS)提高到每秒 1 亿—10 亿个 LIPS(1 个 LIPS=100—1 000 IPS, IPS 为每秒执行的指令条数)。

但是,如此令人可畏的推理能力如果没有相应的推理需要,也只能孤芳自赏了。因此,家庭和办公室里的知识信息处理系统将同带有存储量大、高度灵活的知识库的中央处理机连接起来,而中央处理机进而又同其他许多用户连接起来进行通信。

70 年代,在美国计算机网络中发生的一次"越轨行动"中,我们可以略知那种快速交换知识的方式在智能方面有多大力量。那次"越轨行动"的领导人是加州施乐(Xerox)公司帕洛阿托(Palo Alto)研究中心的超大规模集成电路芯片的设计专家林恩·康韦(Lynn Conway)。

她和她领导的研究小组在超大规模集成电路设计中,所面临的问题是人人都能理解的,因为在原则上,这类问题几乎会在每个人的行为中发生。区别在于康韦及其同事们依靠名为阿帕网(ARPANET)的计算机网来迅速进行信息交换,从而解决这些问题。

康韦这次冒险的目标是超大规模集成电路芯片的微电路定型设计。这些芯片的设计是目前贸易战的一个要害,几乎每一个人都抱有这样的一个观念,即集中在一块芯片上的组件(包括导线和晶体管)越多,计算机运行速度就越快,价格也越便宜,而且工作效率也越高。但是这些高密度芯片的设计不仅是一种科学,也是一种艺术。

目前有两种设计方法占主要地位。这两种方法的区别好比委托建筑师建造合乎理想的房子和雇用承包商建造预制件房屋的差别一样。建筑师当然能够绝对按你的要求来建房,从宽敞的厨房到圆锥形浴室,但这样定制房屋要花费很多钱。相反,预制件房屋要便宜得多,因为它是成批生产而且采用了经济的规模,但购买者只得将就接受成批设计的产品,不能有其他奢望了。

美国国际商用机器公司(IBM)主要采用成批预制生产方式。它为了简化生产过程而"浪费了地皮",即芯片上的空间。但是,对于复杂的计算机应用,就必须用数个芯片才能完成一个定制芯片的工作。而众所周知,芯片之间的连接往往是计算机发生故障的所在。

相反,英特尔(Intel)公司则生产定制的芯片。"地皮"虽不浪费,但成本很高。芯片的可能设计方式多得惊人,该如何对付呢? 每个芯片制造商都设法开发各自专用的设计规则和方法，并作为本公司的独家秘方而严加保密。因此，大多数全国最优秀的计算机科学家不能为超大规模集成电路研究出一套通用的、便于教学的设计方法，尤其是设计规则，也不能通过探索，去发现超大规模集成电路所需要的新的专门知识。使这些人参加这项工作是国家的迫切需要。

应该如何解决集思广益的问题呢？当这类问题产生时，我们传统上采取过几种策略。例如，零星地接受新的、未经试验的方法，心里做着最好的打算：希望用一组方法能解决某个特定的问题，而用另一组方法解决另一个特定问题。过了许多年，这些方法便成熟起来。其中有些方法广泛地为社会所接受，变成建筑和安全条例手册，作为学徒满师的考核标准，最后经规范化后，成为向下一代学生传授这些方法的教科书。在达到教科书阶段以前，通常要经过许多年，甚至几代人的时间。

但是，就超大规模集成电路的设计而言，还没有足够的东西可供汇编成册，目前已有的这方面的零星知识也都分散在不同地方、不同公司和不同学科的各种人的头脑中。贸易战的压力也不允许知识再像以前那样从容地聚合起来。

林恩·康韦思索着这个问题。她不仅从超大规模集成电路设计的角度，而且也从一般设计的角度进行考虑。她观察到，每当设计部门提出新的设计方案时，总需要进行大规模的努力来加以测试和证实。大量探索是必要的，参加探索的人越多，就越容易交流，其探索的进程也就越快。因此，问题在于先要接受新的、不完善的方法，然后再把它们逐步完善。

但是,另一个问题仍然存在。即怎样使设计人员接受新的方法?怎样改变他们设计的抽象程度?又怎样使他们感到新的方法得心应手?这种改变同技术的改变一样困难,但是参与这种改变的设计人员越多,他们就越容易交流,因而设计过程也就越短。

有没有一种方式可以替代传统低效的设计方法的演进过程,使之不仅产生出更好的方法,而且能付诸实用呢?加州理工学院的卡弗·米德(Carver Mead)相信有这样的替代方式,他的天赋很高的同事林恩·康韦也相信这一点。于是,以康韦为主,他们两人携手合作,协同进行探索。

八、　网络尝试

自 70 年代初期以来,卡弗·米德一直在加州理工学院教微电路设计的实验课。1976 年至 1977 年初,米德和康韦两人的合作开始产生重要成果:他们系统地提出了组成开关逻辑电路的一些简单规则,并提出了估价系统性能的另一些简单概念。此外,他们还举出一些说明和应用这些方法的例子,并把材料写成教科书的初稿(事实上只有简短的三章)。

1977 年秋,这份初稿只为少数大学所采用。以后根据这些大学的建议进行了修订，于 1978 年春开始为许多大学所采用。米德和康韦根据教学实践的直接反馈，进一步推敲修改其中的内容。

他们在处理反馈时主要依靠阿帕网。该网络是计算机与通信技术相结合的重大产物，为现代数字网络系统树立了典范。阿帕网原由美国国防部高级研究计划局（ARPA）建立，现已被美国计算机科学研究界视为该领域社会基础的主要部分。[①]该网络能在多用户中传输信

---

① 早期计算机一般都是孤立的服务机器，不与其他计算机或用户连接。但不久人们就看到，计算机之间，以及每台计算机与其用户的电传打字机（今后将是电视终端设备）之间，需要有一种速度比邮寄一盘磁带或一组卡片更快的日常通信。国家电话系统的网络布满各地，并能传输信号，所以是开拓计算机通信的天然联络网。但是电话系统是为人们直接进行口头交流，并不是为计算机进行高速数字数据通信而设计的网络，因此需作一些必要的改变，才能使现有电话系统适应新的要求。

目前有两个部门感到迫切需要这种网络。国防部看到了计算机正以逐渐增加的速率介入国防方面的工作，并执行军事任务，而这些工作都需要能高速传输数字信息（信息的保密也是基本的要求，但相对而言比较容易达到，因为可以用一些离散的符号代替信息。而用传统的声音信号技术，保密就很困难）。从事尖端研究的计算机科学家团体也感到这种技术的迫切性。其领导者们看到了把分散在各处的计算机联系在一起的巨大好处。一个快速而使用方便的数字通信网络将使人们能共享软件；能直达彼此的装置以共享设备，或者在发生故障时可以替代；还能共享并迅速传输以电子文件形式存档的研究资料（如，最新研究成果，新设备备忘录，未出版的技术报告等）。电子邮件在组织一个全国性研究团体——一个电子化的"无形大学"——这方面产生的影响并非为这些领导者们所预计到，但这些便成为计算机网络的另一个重要的作用。

要使网络的梦想成为现实，要使这种网络能实现上述两大部门的目标，这就需要上层机构的计划与协作，需要大笔款项，以及需要美国一些最优秀计算机科学家与工程师的全部才能。国防部高级研究计划局曾经资助许多国内富有创新精神的关于计算机及其通信的研究，这次更带头进行规划、协作并提供经费。已经形成的网络被命名为阿帕网（ARPANET），该网络硬件和软件的构造、测试花了数年时间，直到 70 年代初期才开始运转。阿帕网的建成在全世界引起了轰动，而且成了其他国家建立数字通信网络，以及美国商用数字通信网络的楷模。

阿帕网把下列单位的计算机连接在一起：重点大学计算机科学研究实验室、非营利研究机构、政府实验所、某些国防承包公司以及使用租自商人的高速通信线路的某些军事实验所和基地。有几百台计算机通过大约八十个节点连接起来。大多数用户即通过他们所在地已接上的计算机而连接到阿帕网。有些用户因本处没有这样的计算机，也可以通过允许直接同计算机终端装置对话的专用节点而连接到阿帕网。这类用户即依靠某个遥远的阿帕网中的计算机来接收电子邮件、储存文件，以及进行计算机处理。全国大约有 20 个这样的节点。阿帕网还在海外伸展到夏威夷、挪威和英国。1982 年，其用户至少有 1 万人，并且在继续增长。

息,也能传送设计图案和其他大规模计算机信息。因此,米德和康韦不仅从使用原始教材的教师们那里接受反馈信息,而且也从攻读这门课的研究生那儿得到反馈信息。他们接收语言信息,也接收图案(素描)信息。过了几个月,另外一些协作者也加入他们的行列,给这项工作增添了力量。到 1978 年夏天,在初稿完成后不到一年的时间,他们就撰写成了一本完整的教材。

同年秋天,林恩·康韦把这本教材带到麻省理工学院(MIT),并以此课本为基础开设了一门实验课。"我们不久就发现教学效果十分良好,而且该课程也产生一些令人惊奇的设计方案。"幸运的是,她能把那些设计变成真正的芯片。他们把设计方案迅速地传输给阿帕网,以使西海岸的制造商们能按设计要求制造出这种芯片。"课程结束后大约六个星期,我们就能让学生得到这些芯片。麻省理工学院 1978年的设计方案中有些成功了,有些失败了。但是,我们能在某些失败的设计方案中发现错误所在。"

依靠上述办法,她发现在教材中所描述的设计过程的某些不足,发现需要进一步详细论述的地方,并相应作了一些必要的修改。"很显然,把设计方案立即付诸实践的方法不仅可以检验学生的设计质量,而且还可以检验其设计方法、教材,以及课程。"

这本教材,以及另一本完整的教师指南,很快就在 1980 年出版发行了。米德和康韦合著的《超大规模集成电路系统导论》被公认为是该领域的经典著作，目前已被一百多所大学所采用。①

"我记得自己曾这样想过：谢天谢地，我们总算编出了一本教材和一整套通用的课程。现在的问题是，这门实验课能否传送到许多新的环境中去？能否不经过这课程的经办人就直接传送？"康韦和她的同事在施乐公司集中举办了一些教师进修班，并录制了录像，分发给大学教员。到 1979 年初秋，这课程便开课了。

"我们在施乐公司鼓起勇气向这些大学的代表宣布：如果你们开办这门实验课，我们就将设法在你们课程结束的那一天，把你们通过阿帕网传送给我们的设计方案付诸实现，并在课程结束后的一个月内，按照设计方案制造出来完整的芯片再送给你们！"

作出这种承诺需要极大的勇气。设计和制造一个样片需要花费15 000 到 20 000 美元，最快也要三四个月的时间。但康韦看到了把设计方案变为现实对麻省理工学院的学生具有的巨大价值，而且把设计集中在一块芯片上也可以降低成本。对微电子专业的学生来说，有了这种制造大规模集成电路的能力，就好比建筑系的学生能看到他设计的一幢房子，一下子从制图板上跳到了山坡上一样。它使年轻的设计人员在几周内就能学会通常需要几个月乃至几年才能学会的东西。

大约有十二所大学参加这项具有"网络尝试"特征的课程，由康韦及她在施乐的同事们依靠阿帕网的支持进行协调。学生、研究人员和

① C.Mead and L.Conwap, *Introduction to VLSI Systems* (Reading, MA：Addison-Wesley, 1980).

教师都不断通过这种电子网络送出自己的设计方案。

1979 年秋,一些尝试出现了几个小小的奇迹,大大节省了设计制造样片的成本和时间。由于采用了新的设计方法,即多芯片设计法,以及康韦称之为快转铸硅的工艺,这些超大规模集成电路的设计项目只需花费几百美元,而不是一般要花费的一二万美元。所需的时间也从通常的三四个月缩短到二十九天。①

康韦说:"你会注意到,在所有这些事件中有一个共同点。快转工艺提供了检验许多不同级别的概念和系统的手段。它不只是用于检验按方案设计的芯片,也用于检验设计环境、课程与教学法、教材及设计方法。"

所有这一切的关键在于这个网络及其中的计算机。"它不像电话那样,联络的人越多,所需时间也越长,因此只得把时间花在取得信息上,而不是着手做些新的工作。"相反,这类网络能迅速将知识传送给广大用户,这不仅是因为有技术上的有利条件,而且还因为有社会上的有利条件:在网中,任何成员都能将信息迅速地传送给其他成员。这样,在事情变得不可挽回之前,就可以容易而迅速地作出调整。

这个网络的另一优点在于它比较容易使人们赞同某些标准化,因为它能使人们相信,那些标准将使信息传递变得更迅速,且能直接同

---

① 这项尝试还在继续进行。由高级研究计划局支持的研究机构,仍可以通过南加利福尼亚大学信息科学研究所,在施乐公司的帮助下而得到这种快速交换信息的能力。

服务者和服务部门联系。"这种网络能使大量分布在各地的人紧密地结合起来，像一个研究开发小组那样发挥作用。同时，这种网络也带来新的竞争—合作，并使我们能迅速地积累可供共享的知识。"

康韦一开始就提出这样一个问题："怎样才能使不完善的方法变得完善呢？"在这项尝试中，她找到了答案。"你会注意到，这里描述的实验方法不只局限于在探索微电子系统的设计中应用，还应该考虑把这些方法应用于快速探索其他领域的工程设计中，这些工程设计可能在新的限制条件下，充满了新的机会。"

她强调了在这次尝试中人的因素："所以，当你看到某人同一台联到网络中的个人计算机相互通信时，不是马上就认定这是一个隐士在操作一个难解的程序，你也许会自问：这个人在从事什么冒险活动？请记住，他可能是一个富有创造力的人，他正在参与或者甚至领导某种依靠网络进行的尝试！"

沉思了一会儿以后，她又补充道："这些事件使人联想到电报与铁路所产生的巨大影响。在 19 世纪，电报与铁路到处伸展，给人们提供了一种基础结构，使人们能借以进行冒险、勘探，并把他们发现的消息送回来。我认为个人计算机和计算机通信网络同样是一种基础结构。此时此地，我们就是依靠这种基础结构来探索现代科学的新领域——我们所能创造的新领域。"[①]

---

① L.Conway, "The MPC Adventures: Experiences with the Generation of VLSI Design and Implementation Methodologies," Xerox Palo Alto Research Center, VLSI=81-2.

九、 知识是一种值得设计的人工制品

康韦通过阿帕网进行的大胆尝试具有许多含义。其中一个含义不久就被她在施乐公司帕洛阿托研究中心的一位同事马克·斯德费克(Mark Stefik)所发现。马克·斯德费克是斯坦福大学培养的人工智能科学家,他对生产专家系统所必需的种种知识很感兴趣。他看到康韦和她的那些分散在各地的伙伴所作的尝试,他们已把知识从一组几乎没什么联系的特定实践塑造成了普遍为人赞同和采用的系统设计原则,根据这种设计原则转而又迅速廉价地产生出更好的设计方案。随着时间的推移,所有这些也许最终都会出现。但是要按照老的传播知识方法,这种演进过程需要几年乃至几十年的时间才能完成,而有了计算机网络,仅仅两年就实现了。

斯德费克因此推断,知识可以为了诸如便于学习和在工作中加以有效使用等目的进行设计,即进行计划、生产并置于适当位置。不可否认,我们头脑里对某一部分世界知识所持有的模式,同我们能获得的这部分知识的新信息之间存在着互相迁就的关系。只要我们头脑里有一个强有力的模式,我们就能轻而易举地获取新的知识,并据此来重新塑造头脑中的那个模式。但是,如果我们头脑中的模式很软弱,那么学习与应用新知识就会遭受挫折、令人烦躁或当作苦差事

去做。

因此，最好是在开展一个新课题时，头脑里就有一个设计良好的模式。这种模式结构坚实、容量很大，我们一开始就很容易把握，并可以增添一些使理解与不理解之间有所区别的细节。这种设计，这种按人类指定的用途对知识所做的最佳形态的计划，已经有了一些原型。超大规模集成电路计划只是一个比较引人注目的例子而已。

这种设计也是对那种合理抱怨的答复。人们抱怨说，大多数人都被信息压垮了，我们能有意识地同时处理四个项目的能力，这已到了极限值。然而设计良好的知识将把混乱的细节、资料要点及不断变化的信息都有条不紊地按常规判断并分别归类，使我们不必再费心去记住它们，或转储于机器，从而可致力于更重要的事情。当我们初学系鞋带时，不得不费力地考虑有关的每一个步骤，开始时，不仅系鞋带费劲，而且在系好后鞋带还常会松脱。现在，我们一生中已不知系过多少次鞋带，这种系鞋带的知识，用一句计算机的术语来说已经"编译"好了，我们不需要任何思索便能自然地系好鞋带。管理人员、专业人员以及几乎所有其他的人将来都会发现，他们目前必须有意识地注意收集大量知识，将来这些都会由智能机器来加以"编译"，因为智能机器就是为此目的而设计的。

斯德费克同时指出，虽然知识可以按各种目标进行设计，但是其中某些目标可能是互相冲突的。例如，为医生介绍一种新药的副作用而设计、编辑的新知识，可能需要重新进行设计、编辑后，才能使流行病学家觉得有用。斯德费克和康韦的提法是:"对'知识就是力量'这个知识工程师的口号,我们还要加上'知识是一种值得加以设计的人工制品'。"①

这次网络尝试中体现的智能是人类的,而不是人工制造的。但是,我们提出这一点是要说明计算机可能造成的差异,计算机能按数量级加速信息交换和估价,并能证明足够的量的差异会导致质的变化:从几十年减少到几个月,从少数人聚在一个屋顶下进行研究变成了成百上千个分散在全国各地的人能协调一致地、有效地作出创造性的贡献。这种协作的成果能迅速推广,并对每个人都相当有用。

康韦的实验表明,即使在那些需要极大创造力的精密企业里,"厨师多烧坏汤"这句古老谚言也不能成立了。从传统上来看,厨师太多无法做好一锅汤,主要有两大障碍:一个是某个热心的厨师往往会往汤里洒下太多的盐或胡椒粉,而其他厨师又没有看见;另一个是由于厨师们各持己见,最后互相妥协而使汤烧成了大杂烩。

第一个问题,即乱添作料的问题须靠技术本身加以防止。谁也不能无可挽回地投入太多的盐。换句话说就是,如果某人有一个似乎值得尝试的想法,这个想法就能迅速而又不费力地加以尝试、检验。如果是好的就加以采纳;如果不好就立即废弃。

第二个问题的防止,至少在这种情况下要有一套为所有参加者都

① M. Stefik and L. Conway, "Towards the Principled Engineering of Knowledge," *AI Magazine*, Summer 1982.

能了解并接受的共同目标。但这些目标本身也是经过了同样大规模快速"尝试与纠正"过程而得到精炼的。

仅仅依靠 70 年代的技术,这次网络尝试就显示了计算机不但能改变我们思考的"内容",而且能像传统的读写能力那样改变我们的思考"方式"。尽管有人提出严重警告,认为计算机将不可避免地使我们失去人性,然而实际上并非如此。我们跟往常一样,还是一些充满人性的人,只是抓住这个新工具,去做我们始终最喜欢做的事情,这就是创造、追求以及同其他人交换知识。现在我们已有了条件,能更容易地去做这些事情,能做得更快、更好、更有吸引力,而且也不会有面对面交流时难免会产生的成见。

第五代计算机设计人员所设想的那种智能系统,其速度和处理能力将大幅度增加;但更重要的是,这种机器将具有推理能力。它们将自动设计大量知识,来为人类所提出的任何目的服务,从医疗诊断到产品设计,从管理决策到教育。

十、 计算机的既定命运

当我们正在刻意探索的时候,十年以前曾经热烈争论过的那个"机器能否思考"的问题,现在已经逐渐冷却下来。导致这个转变的部分原因是,人工智能以及围绕人工智能进行的争论,使我们了解到我们并未真正抓住思考的本质。它暴露出我们对智能怀有的信念同我们的祖先相信地球是平的一样顽固，而且接受的都是似是而非的假设。人们从中开始看到，真正的问题是人类的虚荣，而不是人类的科学。

导致这个问题从白热变到冷却的另一部分原因是程序本身的性能。正如我们在下一章将看到的，当机器的表现达到训练有素的人类专家的水平时，即使是在医疗诊断这样狭窄的专门知识的领域中，人们也难以否认这种机器具有智能。因此，到了 80 年代初，我们已经可以有把握地来概述机器的智能：在进行需要有大量专门训练和伴随有大量符号处理的工作时，机器不仅能够胜任，有时还能超过他们的人类导师。但是在一些需要快速感觉，例如用听或看来了解情况的场合，它们却完全无法胜任了。在用我们所说的"常识"进行推理时，它们也同样无能为力。有些研究人员正在开始设计能理解简单的物理学（"倘若我在那上面踩得太重，那么它就要断裂。"）和简单的心理学（"倘若我老是对她恼火，那么她也会对我恼火。"）的程序，但要达到能给计算机提供常识的目标，显然还有漫长的道路要走，因为要牵涉到的日常知识实在太多了。这也正是设计能理解自然语言的程序的困难所在：语言存在于普通世界之中。

人工智能给我们带来的一个矛盾是：我们认为最能显示人类特点的那些结构精致的符号制品，如数学、逻辑、拼接基因或者利用仪器探测地质情况等，都是计算机所擅长的，因为知识的结构性越高，越是适合计算机使用。相反，在真实世界中的活动并非是高结构性工作，有些事甚至连一般家养小动物都能胜任，但机器却做不到。当然，这不是说它们永远做不到，只是说目前还尚无做到的可能。

我们确已为自己制造了一个具有巨大力量的工具，我们可以给计算机灌输智能。为什么不能呢？我们自己的历史也是如此，自人类有雄心记录以来，我们就一直渴望制造这样一种人工制品。在计算机出现以前，人类已经有了关于人工智能题材的文学，也就是说，已经有许多描述神奇创造物的故事了。这些创造物都带有其作者所预料（和预料不到）的特征。这种创造物有巫师的门徒、浮士德的侏儒、周朝偃师献给周穆王的机器人和日本神道的自动木偶等。综览这时期有关人工智能的文学，我们势必会推测，在人类历史中，东方和西方都有件大事一直在酝酿、在蹒跚地行进。因为这件大事始终在顽强地进行着，因此麦考黛克喜欢把它看作是一个规划，就是某种人们向往和追求的目标，实现这个目标的进程并不是一往直前的，而往往是迂回曲折的，还不时地在崎岖的小路上滞留一下。这个庞大的规划只有在回顾的时候才能一目了然。尽管如此，这件大事还是不可避免地产生了。20世纪是我们使梦想付之以实的开始。计算机，即使在它早期笨拙而惹人气恼的婴儿时代，已在按人们所希望的那样来改变我们的生活。我们早已知道它会改变我们的生活。

现在，日本人准备给我们提供一种人人都能使用的计算机，原则上，即使是文盲也能使用的计算机，因为这些机器能显示、能讲，并能理解语言与图片。它们将不只是进行计算，还能聪明地进行推理、猜测、理解和表现出智能行为。宣布所谓第五代计算机的固然是日本人，但第五代计算机的核心思想并非专属于日本人，相反，它应该属于全人类。因为这个核心思想是由许多涓涓细流汇聚而成的。从长远来说，谁先把这种思想带给我们是无关紧要的。但从眼前来说，谁先拥有它，就会给谁带来重大的经济利益。对于我们的子孙后代，智能机器将像我们现在的书本与电视机一样成为基本生活用品。

费吉鲍姆喜欢把所有这些看作是计算机的一种既定命运。美国对既定命运很早就有了设想。虽然美国宪法的起草人当时只能代表东海岸的十三个州，但是他们已在辩论西部各州最终的地位，并起草拟订宪法，以便将来妥善地接纳西部各州。同样，计算机的既定命运也很早有人察觉了。即使在技术上还完全办不到的时候，那些有远见的人就已相信这事必定能实现，因而披荆斩棘，为计算机发展开辟道路。在进行开拓的过程中，他们为计算机科学提供了一些最有效的工具。

对这同样的设想，日本人有他们自己的表达方式。用第五代计算机计划背后的幻想家、新一代计算机技术研究所所长渊一博的话说："通向知识信息处理的途径体现了一种实用哲学，这也是信息处理技术的必然发展方向。问题是……究竟是站着不动还是奋勇激进，中间的道路是没有的。"①

---

① K. Fuchi, "Aiming for Knowledge Information Processing Systems," *Proceedings of the International Conference on Fifth Generation Computer Systems*(New York：Elsevier-North Holland，1982).

第三章　专家系统

一、 专家系统和知识工程

为了详细地回答日本人究竟打算做什么这一问题,首先要了解第五代计算机的核心,即称为知识库系统的人工智能的应用问题。下面几节将要讨论什么是知识库系统,知识库系统是怎样产生的,以及它们目前的发展情况如何。

从某种意义上来说,所有的人工智能都是面向实用的,因为除非实验结果证实了理论,除非某一程序表现出它想要表现的智能行为,否则这理论就失去了可信性。但是,知识库系统具有特别强的实用性,因为这种系统的特点是具有大量的专门知识。例如,一个口语理解系统不但能知道正在讨论的主题(以及有关这一主题的各种事实)是什么,而且对于讲演和讲话时所用的语言,还具备语义、句法、词汇、语音和拼音等实际知识,对所听到的各个讲话者的语言习惯也能有所了解。

　　我们已经谈到,在过去二十年里人工智能的研究发生了变化,从寻求有关思考的一般性法则转变为意识到特定的知识——事实、经验知识及如何运用知识——是智能行为的中心问题。这一转变的产生并不是由于论证的说服力和正确性,而是由于运用大量专门知识的实验计划完全获得成功的结果。

　　使人工智能的研究开始朝着以知识库为基础的方向转变的,是一个称为 DENDRAL 的研究项目,这是一个专家系统,它能够根据物理化学家所掌握的数据推导出物质的化学结构。这项研究是于 1965 年费吉鲍姆刚转到斯坦福大学后不久开始的,在那里他遇到了一位志同道合的科学天才,名字叫乔舒亚·莱德伯格(Joshua Lederberg),他是一位遗传学教授和诺贝尔奖获得者*,一直迷恋着有可能用计算机来模拟和帮助科学思考。他俩开始合作编写能够根据化学数据来推导分子假设的推理程序。

　　他们很快就发现,如没有相当的物理化学知识,那么,这种程序就不能以专家的方式有效地解决实际问题。因此莱德伯格从斯坦福大学化学系聘请了另一位有专长的天才科学幻想家卡尔·杰雷西(Carl Djerassi),他是一位知名物理化学家,被人们称为"避孕药之父"。来自计算机科学系、遗传学和化学实验室的科学家们组成了一个跨学科的研究小组,他们花费多年时间研制出了一个专家系统,这套专家系

---

　　* 乔舒亚·莱德伯格因其对细菌发生学的研究而获得 1958 年度的诺贝尔生理学及医学奖。——译者注

统既"博学"又有效，以致它利用化学数据来解释分子精细结构的能力已超过人类，甚至胜过这套系统的设计者自己。DENDRAL 系统已在世界各地的大学和工业化学实验室中使用多年。

虽然 DENDRAL 系统的本领和实用性是显而易见的，但是它没有立即得到大家的赞赏。麦考黛克记得她在 70 年代初就听过费吉鲍姆在卡内基-梅隆大学发表的演讲，当时他就谈到过 DENDRAL 系统，更重要的是他还谈到了知识库方法对人工智能的价值。

费吉鲍姆发表这篇演说的场合很有意思。他的研究生毕业论文是在卡内基完成的，他深为敬仰的论文指导老师赫伯特·西蒙（Herbert Simon）教授（60 年代中期，他曾经给西蒙教授写过一封热情洋溢的信，信中说如果设立诺贝尔计算机科学奖的话，西蒙教授应当是第一位受奖者。巧得很，西蒙于 1979 年果然获得了诺贝尔经济学奖）就在听众席上。坐在西蒙旁边的是一位人工智能方面的伟人艾伦·纽威尔以及其他一些计算机科学和人工智能领域的杰出专家和显赫人物。然而当演说提到知识库专家系统时，卡内基校园里的气氛骤变，人们对这个系统即使不是完全不信，至少也是相当怀疑的。他们认为假如人工智能要成为一门科学的话，它就应该像物理学和化学一样具有人们可以发现的一般定律。

费吉鲍姆提到了 DENDRAL 系统，然后向在场的听讲者发出了挑战。他说："各位正在研究游戏问题，下棋和逻辑推理都属于游戏问题。假如你们解决了下棋和逻辑推理问题，那么游戏问题也就得到解决,各位正在做的仅此而已。请大家跨入真实的世界,并解决现实世界中的问题。”

当时,人工智能的研究人员不去选择简化的"游戏"问题被认为是违反常情的。选择一个简化的问题,然后深入探索,以抓住实际上被一些无关紧要的细节所掩盖的原则和机理,确实是一种合理的科研策略。但是费吉鲍姆提出了相反的意见,他认为细节不仅重要,而且构成了所有的差别。

在场的研究生窃窃私语:也许费吉鲍姆是正确的,也许当你制成了一部精巧的下棋机器,最终你所得到的是……咳,还是一部精巧的下棋机器。后来,卡内基-梅隆大学接受了费吉鲍姆的观点,学校的一组研究人员研制出卓越的知识库系统,叫做 HEARSAY 和 HARPY,用来理解人的连贯语言。该系统的词汇是有限的,运用起来也不像两个说话人之间那样自如,但是按其有限的方式却是行得通的。更重要的是,这种系统对于知识的编排、利用和改进,提供了一些有价值的概念。卡内基-梅隆大学的科学家将会研制出更多这样的系统。

用机制来模仿智力——即人工智能及认识科学——在最初的二十五年里已有很大进展。殊途同归,汇聚成一个中心主题,即理解、解决问题。智能的所有其他功能,甚至学习,都必须依赖于知识。人们必须首先"知道",然后才可能理解,接下去再有可能"知道"得更多。

二、 专家系统的领域

再重复一遍,知识库系统包含有大量的各种知识,用以解决某一特定的任务。而专家系统只是知识库系统中的一种,虽然这两个名词常常互用。

"专家系统"究竟是什么？它是一个已被赋予知识和才能的计算机程序,从而使这种程序所起的作用将达到专家的水平。举例来说,所谓专家水平指的是医生进行诊断和治疗的水平,或者是非常有经验的博士进行工程、科学或管理工作的水平。专家系统是人类专家的具有高水平智能的助手,因此它的另一个名字就叫做"智能助手"。

专家系统常常能解释导致它们作出决定的推理方法,有些专家系统甚至可以解释它为何抛弃某些推理路线而选择另一些方法。这种能够对它的行为作出解释的性质是专家系统的一个主要特点。为了达到这一性能,设计人员辛勤地工作,因为他们知道专家系统的最终用途,将取决于用户对它的信任程度,而专家系统的可信度将由于它具有能够对其行为作出解释的特点而提高。

"知识库系统"和"专家系统"这两个概念可以互相混用,这违反了某些科学家所癖爱的准确性。简单地说,一个能够理解图像或能够懂得语言的系统,可以依靠庞大的知识库来形成它的知觉,却不需要任何人类的特殊专长。正常的人类生来就有耳朵和眼睛等接收信号及处理这些信号的器官,而且他们很快就学到了为理解这些信号所必需的知识。但是人并不是生来就知道如何管理一个建设项目或诊断某种疾病的,也不是很快就能学会的,这需要专门的知识和技能,只有通过长时期的学习才能掌握。有些科学家认为这种区分是吹毛求疵的,甚至有点儿语言上的沙文主义。日本人非常喜欢用"知识工程"这个字眼,因为工程师在日本享有很高的地位,可是在英国,工程师却并不享有这种荣誉,他们则喜欢用"专家系统"这一名称,因此形成了两种叫法。

对于大部分属于推理性质的,而不属于计算性质的思考问题,专家系统特别有用。而世界上绝大部分工作都是推理性质的。虽然许多专业工作似乎都是用数学公式来表达的,但是事实上,除了以数学为基础的科学以外,其他一些专业工作的主要困难都是属于符号、推理和基于经验性质的,能否解决这些问题正是专家与初学者的区别所在。专家们不仅从书本上和课堂上获取专业知识,而且也从经验中获取。经历了反复实践、失败、成功,耗费了时间和精力,然后又学会节省时间和精力,进而摸清了问题的实质,学会何时照书本去做,何时又要打破书本的框框。因此,他们建立了一套非常丰富的经验法则,或称"探试方法"(heuristics),再结合书本知识,就使他们成为专家了。

我们将更为详细地描述专家系统是怎样一种系统,以及如何设计制造这种系统。但是为了证明专家系统的实用价值,我们首先要全面地考察一下专家系统已经应用的领域。

也许在医疗方面出现的专家系统数量最多。目前知识最密集的专家系统要属匹兹堡大学的 INTERNIST/CADUCEUS 系统,它是由医生杰克·迈耶斯(Jack Meyers)和计算机科学家哈里·波普尔(Harry Pople)共同创造的。INTERNIST/CADUCEUS(俗称"箱内的杰克")具有诊断内科疾病的专家水平,它能解答临床病理学会(CPC)提出的大部分题目,这些题目是对医生进行的一种智力测验,刊登在《新英格兰医学杂志》上。到目前为止,INTERNIST/CADU-CEUS 已能诊断 80% 以上的内科疾病,它的知识库包含有大约 500 种疾病和 3 500 多种疾病症状。它将很快投入正式使用。

虽然设计 INTERNIST/CADUCEUS 专家系统是为了帮助有经验的内科医生解决复杂的医疗问题,但是其程序将来也能作为助理医生、乡村卫生所、军队医院和宇宙航行的辅助诊断工具。

在斯坦福大学,已设计出几种医疗专家系统。MYCIN 可以诊断出血液和脑膜炎传染病,然后建议医生用什么抗菌素来治疗。与每一种其他专家系统一样,MYCIN 同它的用户即医生进行对话,起着医生顾问的作用。医生提供病史和化验结果(这些外部数据计算机是不可能推知的),然后,计算机程序开始推论有可能是什么疾病。如果医生吃不准为什么程序会给出这种诊断,或者为什么建议用某种药物进行治疗,他可以询问程序的推理路线。例如,医生可以问道:"你为什么要求我这么做?"或:"你是怎样得出这一结论的?"MYCIN 甚至能够告诉医生，为什么它放弃了某些推理路线。在评价 MYCIN 系统的技术水平时，人们认为该系统在传染病的诊断和治疗上已达到了专家的水平，并且超过（有时远远超出）其他非专家医生的水平。利用 MYCIN 的推理程序，调换一下不同的知识库，又研制成另一个诊断肺病的医疗诊断系统，该系统已在旧金山的太平洋医疗中心投入使用。

输氧机是一种医疗设备，它用于帮助危险病人进行呼吸。太平洋医疗中心研制出一种叫做"输氧机管理助手"（简称 VM）的专家系统，它可以随时向医生提供有关病人接受机器输氧的情况。VM 系统能简要迅速地报告病人的情况，临床医生就能很容易地理解，它可以辨明人和机器系统的异常情况，并提出加以校正的建议；它还能根据治疗的目标和对病人病情的估计来调整机械输氧机；对于每一个病人，该系统都包含一组有关病情改善的预期结果和治疗的最终目标。VM 系统将监测系统随时提供的多重数据流进行加工处理。而在 VM 出现以前，监测仪器输出的数据都是由人来加以综合的，这既费时间又容易出错，而且所提供的有关病人病情的信息也很有限。而 VM 系统能每时每刻都在观察病情，从而可以根据以前和现在这两种情况加以分析。

在医疗方面还研制出用于其他方面的一些专家系统，例如用于毛地黄（强心剂）剂量的选择，青光眼的诊断和治疗，肾脏病、关节炎和风湿病及胎儿疾病的诊断治疗等等，甚至还用于新药物的研制。

在生物学方面，有一种为分子遗传学设计制造的叫做 MOLGEN

专家系统,能够对遗传工程中的基因克隆提出建议,并能帮助分子生物学家分析脱氧核糖核酸(DNA)的排列顺序。该系统从遗传工程师那里取得有关某一基因克隆实验所要达到的目标的说明,然后拟定出一项或几项达到这一目标的实验计划——详细列出错综复杂的实验步骤,在实验室完成基因克隆这些步骤是必须的。MOLGEN 系统广博的知识库也可以说是一部现代分子生物学的百科全书,和DENDRAL 系统一样,它在大学、工业分子生物学部门以及遗传工程实验室中得到广泛的应用。

计算机借助知识库方法来理解语言和图像的研究,已进行了相当一段时间。卡内基-梅隆大学和其他一些地方,于 70 年代起就开始研制能理解连续语言(而不是仅仅辨认个别的单词)的系统,当设计人员能够把有关前后连接关系的知识——即除了说话和语言行为的知识外,还有关于谈话主题的知识——加入理解过程之后,他们便开始获得成功。口语理解只是更为一般的所谓信号理解问题中的一个特例。信号可以来自任何仪器设备,并非只是来自麦克风或电视摄像机。

专家系统在军事方面的应用,就其本质来说是一样的,都是对信号进行分析、处理和加工。例如 HASP/SIAP 是一种无源声呐监听系统,它能够在非常嘈杂的环境中对海中的声音加以分析处理。如果用通常的统计计算的方法来进行这项工作,就要用代价昂贵的巨型计算机,而且效果如何还是个问题。将巨型计算机的机时花费在对大量声呐数据中的信号进行相关性分析是毫无意义的。事实上,为取得正确结果所需要的信息,大部分并不存在于这些声呐信号中,但是却可以从有关周围情况的知识中获得。是些什么知识呢? 书架上厚厚的知识手册,间谍提供的情报,邻近的监测站昨天发现了什么,什么现象对冬天来说是正常的,而在夏天发生就不正常了,以及报纸报道的有关商船航行的消息等等。根据所有这些知识来推理,比起从大量的噪音中发掘出一点儿信号来要重要得多。

在军事科学家所做的测试中,HASP/SIAP 程序的性能达到了人类的水平,有时甚至超过人类。据设计人员估计,倘若要"干得漂亮",则运用知识来进行推理所需要的计算量,与信号分析方法相比,计算量能节约 100—1 000 倍,这相当于节省了很大一笔国防开支。DEN-DRAL 系统也能获得类似的效果。由于 DENDRAL 程序关于化学和质谱方法方面的知识非常丰富,并且推理过程系统又有次序,因此它能够利用低分辨率的光谱数据来解化学结构问题,而化学家要想轻松地解决这一问题只有利用高分辨率的仪器才行。廉价的低分辨率仪器设备,加上知识库推理程序,其性能可达到昂贵的高分辨率仪器。

三、 市场上的专家系统

现在也许可以明显地看出,专家系统对于两类问题特别适宜,第一类是组合问题,处理这类问题直接用枚举(非智能)方法,则可能出现组合爆炸。下棋就是一个实例,长期以来人们都有一个误解,认为计算机下棋是在对每一步可行的弈法都经过研究后才决定走哪一步的。但是下棋的弈法有 10^{120} 之多,即使使用目前最快的计算机也不可能在太阳毁灭之前把所有这些弈法都探索完毕!

上述情况比比皆是,然而人的大脑在处理这些情况时却非常有效,能马上把大部分不可能有结果的情况排除在外。人是通过知识(这些知识在不同方面描述了正在寻求的可能性),将注意力放在最有可能发生的情况上面。而且,我们还采取简单的单凭经验的方法(叫做探试方法),这种方法虽然不能保证解决问题,但却常常可以接近问题的解决。例如,如果你的小狗丢失了,你可能首先会去左邻右舍寻找,然后再打电话到当地的家畜收留所询问,最后才登报寻找。但是如果你居住在旧金山,你不会打电话到洛杉矶或里诺的动物收留所去询问的,也不会去伦敦的皇家防止虐待动物协会查询,虽然你的小狗远渡重洋(例如,因迷路搭上了某条船)的可能性并非不存在。

专家系统能处理好的第二类问题,就是对大量的信号数据进行分析解释,例如 HASP、VM、DENDRAL,以及其他一些目前正在使用的知识库系统,就属于这一类情况。

碰巧这两类问题都出现在许多商业应用中,因此专家系统很快地为关心成本盈亏的人们所接受。在大学的经济学第一堂课中,有一门叫做"经济效益比较法则"的课程,它不是一门新课,但又挺深奥。该法则的一个简单表达形式就是,当用机器工作比人工作所需的成本更低时,机器将代替人。为了找到渗透点,于是就要寻找相当便宜的"机器动力"和相当昂贵的人力。现在计算机已经很便宜(微电子公司把一个个计算机制作在硅片上,就像印书一样),而在我们的社会里最昂贵的人力就是专家,专家之所以贵重,是由于他们的工作所增加的价值很高,也因为专家人数稀少(要经过多年的教育、训练和实践才能造就一名专家)。经济效益比较法则提醒我们注意专家系统潜在的经济影响这一事实,也提醒我们仔细观察由于运用了专家系统而使人的努力价值增高,并且将我们的思想引向经济杠杆作用强的领域,即只要投入廉价的智能帮助就能提供很大的经济效益。

在每一家早先采用专家系统技术的公司里,凡是为了寻找渗透点而对本公司的业务工作进行过全面考查的人,似乎都同意某一公司总经理的观点:"你好像走进了一座遍地都是金块的金矿,用不着挖掘,俯拾即是,你唯一面临的问题就是如何拣一块最大的!"很快我们就会看到这些金块的形状和大小。

知识技术是与软件技术分不开的,而且在许多方面是软件的最高发展形式。很少有某个新兴行业能像软件那样激发起敢于冒险的投资家的兴趣,理由很简单,因为在软件行业中投资甚少、收效甚多,偶尔还能获取巨额利润,因此利润与投资的比例相当高。软件并不是在拥有很多工人、投资很高的工厂里产生的,而是在面积不大、设备简单的办公室里,由个别杰出的研究人员组成小组,通过中等规模计算机的终端或价格适中的计算机工作站进行研究生产的。要"生产"已研制出的软件产品就相当于(以计算机的速度!)复制磁带或磁盘。由于所需的投资很小,所以"利润投资比"(利润是分子,投资是分母)可以相当高——作为一种极端情况,据说"汽车房"软件公司(形容该公司很小)通过计算机杂志和计算机联营商店销售它们的软件产品,利润投资比可达无穷大。计算机没有软件就将一事无成,而高质量的软件是难以编写的。因此软件齐全的计算装置的价格相当高,只要这些产品销路良好就能保证获取较高的利润。

专家系统在许多不同方面都具有经济价值,其中有些很明显,有些则很微妙。让我们观察几个典型的商业问题,看看专家系统是如何将几百万美元的盈亏状况加以改善的。

问题分析一:专业知识的收集、复制和分类

问题:"我们看到一个重大的新的商业机会。我们具有这方面的专家和技术,但还远远不够。如果用我们的专家来训练其他人,时间又来不及。培养造就一位专家需要多年的训练和经验,因为优秀专家所具备的知识并不是很容易理解、一教就会的。"

斯伦贝谢(Schlumberger)公司经营的业务是分析测试从钻井里所开采出来的岩石、石油和天然气,该公司经营这种赚钱的买卖在世界上首屈一指。这家公司宣布他们已看到一个重大的商业机会,就是可以对目前为各家石油公司客户所做的分析和测试,提供进一步的说明。该公司目前有数十个现场解说中心可以提供这种服务,每一个解说中心都必须配备解说专家。该公司在美国和法国的知识工程小组已经研制出可以做地质倾斜分析和岩性分析的专家系统,而且计划研制更多的专家系统。斯伦贝谢公司的董事长琼·理波德(Jean Riboud)说过,该公司开展的人工智能工作和石油勘探业是否兴旺一样,对他们公司的业务至关重要,而且将会使该公司业务的发展具有"数量级的变化"。这一变化意味着巨大的经济价值,因为施卢姆贝格尔公司的电缆测试业务每年总收入为 20 亿美元。

斯伦贝谢公司的一个竞争者发现有个质量保证的问题。油井测量工作花费很大,因此客户要求这些测量必须是高质量的。测量工作在技术上颇为复杂。要使测量准确无误,要求工程技术人员日夜坚守在油井旁,时刻注意观察。由于测量不准确而向客户赔款是常事,每年在这方面要损失 4 000 万美元,是财务上的一大头痛问题。解决这一问题的方法不是靠"提高认识"来使测量人员更加勤奋和一丝不苟,而是利用专家系统来接替测量人员(算不上是专家)从事那些既困难又乏味的工作。

法国国家石油公司(简称 ELF 公司),把油井钻探工作承包给钻井公司,但是如果钻井公司在钻探到油井深处碰到严重问题时,ELF公司喜欢派遣他们自己的钻探专家前去相助,因为若问题解决不当,将造成经济和时间上的极大损失。在油井钻探中这类情况时有发生,一些新油井已经耗费了一二百万美元,但因为在解决出现的钻井问题时发生严重错误,不得不将这些油井放弃或重新改变钻井方位。ELF公司的专家经常飞往遥远的钻探现场,钻井设备和工作人员闲置一天

就要损失十万美元以上。技术知识公司（Teknowledge，Inc.）在ELF
公司钻探专家的协助下，为该公司研制出一种称为"钻探顾问"的专家
系统，该系统能分析判断各种钻探问题，并可提供如何加以改正的建
议和避免再发生这类问题的措施。专家系统在这一领域的应用经济
效益极高，据ELF公司专家估计，只要专家系统在现场使用一次获得
成功，就可收回研制开发该系统的全部费用。

当今世界上各种各样的机器层出不穷。众所周知，机器是要损坏
的，而且经常是好的时间少，坏的时间多，机器一旦损坏我们就无能为
力。机器数量的增加日益超过维修专家的人数，而且维修专家也跟不
上各种新机器的工艺技术变化。专家系统在商业方面最重要的应用
之一就是协助人来维修机器。IBM公司的野外工程分部帮助研制了
能诊断和维修计算机系统的专家系统。通用电气公司也正在为火车
研制这种系统。美国军方认为，国防安全部门对专家系统需求量的增
加要超过经济部门。军事部门的专家，例如设备维修专家的流动性很
大，因此他们没有足够的时间来取得必要的经验；令人担心的是，现代
军事装配的"高技术"性质，与设备维修人员所受到的"低技术"教育水
平之间的差距越来越大。

问题分析二：许多专家知识的融合

问题："没有一位专家的专业知识面能够包罗万象而解决整个问
题，要使问题得到解决，只有通过一些专家的共同努力，并将他们各自
的专业知识灵活地融会贯通。"

日立公司正在研制两种"知识融合"专家系统。一种是用来诊断发现集成电路芯片制造过程中的生产问题。制造微电子芯片所允许的误差范围是迄今人们在日常生产中所能达到的最小范围。由于要求生产达到近乎完美的程度,因此生产出来的许多芯片都是次品。这样,合格芯片的成品率就成为能否获得利润的关键所在。芯片出现的问题必须经过常规分析。如果某一流水线的成品率开始下降的话,各种科学、工程和制造专家就要尽快地分析和寻找出问题的原因,并采取补救措施。这一过程有时需要几天或几星期的时间,致使昂贵的设备常常闲置在那里。利用专家系统就可以把专家们的分析和判断迅速地融合在一起,显然这样做具有很高的经济效益,即使是中等程度的改进,每年也将节省数百万美元。

日立公司也承包大的建筑工程项目,这些工程的规划和管理需要许多工程、设计和建筑方面的专家互相合作,将他们各自的计划及关于潜在问题和可能出现的危险的判断等知识融合在一起。为了完成这类任务,日立公司正在研制一种名叫"方案风险评价系统"的专家系统。这种专家系统的作用类似"PERT"(即"计划评审法"的英文缩写)分析,但允许利用符号知识,并对性能和危险性作出定性判断。

问题分析三:处理复杂问题和扩大专业知识

问题:"我们碰到的问题的组成因素和可能性太多,因此我们不是遗漏了什么,就是在哪一方面弄错了。我们的专家虽然是优秀的,但还嫌不够。计算机应当能够更好地解决问题。"

专家系统虽然不是一定,但有时确实能比人类专家更好地处理内在复杂的问题。对于组合性问题尤其如此。这类问题需要进行大量的反复试验,系统地探索问题的各种组合因素。设计和构造问题,以及数据分析、形成假设和诊断等,都属于这类问题。

数字设备公司(DEC)生产的计算机,在某种程度上几乎总是按照用户的特殊要求定制的。因此,每生产一台计算机就要进行设计构造,这或多或少是一个新问题。要把大量不同型号的计算机放在一起装配,受到大量的条件限制。DEC 公司的工程师利用一个"构造专家系统"来规划部署该公司 VAX 计算机的生产。据报告,该系统规划部署生产装配的准确性达 99%以上,令人高兴的是这一纪录超过了生产装配专家的水平。由于专家系统不但解决问题迅速、省钱,而且避免了经常发生错误,节省了不少资金。错误常常是在客户订货的时候引入的,在订货的时候就抓住错误而不是在制造的时候才发现错误是很重要的,因为不管错误如何,一旦公司接受订货,就必须根据订货合同承担"补偿"费用。所以 DEC 公司正在扩大这一专家系统的功能,让销售人员也能使用。这套"构造专家系统"每年为 DEC 公司节省的资金累计达数百万美元。

DNA(脱氧核糖核酸)所携带的遗传信息,是以字母 A、C、G 和 T 的顺序来表示的。现代分子遗传学具有强有力的方法来确定动物和植物的 DNA 排列顺序,而大量的排列顺序都存储在大型数据库中。但是,用各种不同的方法来确定(在一个或几个排列顺序范围内)什么样的排列顺序是"有意义"的,却是一件枯燥、困难而又容易出错的工作,甚至最优秀的人类专家也不可能轻而易举地做好这件事。智能遗传公司(IntelliGenetics, Inc.)看到了这种需要,并且研制出各种各样的程序,以帮助生物学家和遗传工程师进行排列顺序的分析和解释实验结果。这些程序的价值不仅在于它使遗传工程这一新领域里为数不多的专家节省了宝贵的时间,而且在于它在工作的彻底性和正确性方面胜过人类专家。智能遗传公司经营这种业务所得到的回报是开始时每年的 100 万美元总收入,眼下随着遗传工程的发展,该公司收入更多。

一家在美国家喻户晓的工业公司,最近开始进行了该公司的第一个专家系统项目,其任务是根据对工厂排放的废气进行化学测定,来找出热电厂发生故障的原因。在对最初研制出的专家系统(远非达到完善程度)进行测试时,利用的是 1981 年发电厂发生故障而停工时的实际数据,专家系统在几秒钟里就作出了正确的诊断,即找出了造成发电厂停止运转的实际原因。这对专家系统本身来说并没有什么稀奇,因为这种诊断工作不特别复杂。然而值得注意的是,发电厂的操作人员花了几天时间尚未能发现从何处来寻找事故原因。结果这家发电厂停工四天,公司损失了 120 万美元,而当时如果已经有了专家系统的话,也许所有这些损失都能够避免。

问题分析四:知识的使用

问题:"我们面临的问题是,要使这一领域里的工作具有出色的成效，就需要有丰富的知识。我们运用的知识似乎经常在变化，以致我们难以跟上这种变化。而且我们要了解多方面的知识，例外的情况和接近专业的技术知识。只要我们已经具备了必需的知识，解决任何问题都不是很困难的。"

让我们再来看一看工业公司的情形，这些公司拥有设计复杂系统的工程师，有生产制造部门，还有推销产品的销售人员。例如另一家有名的生产商业设施的美国工业巨头，该公司的专长是生产能使工厂、客户和其他大公司之间的信息自动流通的系统，这种系统是用许多不同类型的组件组装的。由于在办公室和工厂自动化方面的技术发展的步伐非常之快，因此随着通信技术、软件及现代商业系统其他方面的发展，可得到的组件也经常发生变化。出现了新型的组件，其价格由于新技术使成本降低而经常变化。由于市场情况和生产情况一直在变化，因此销售人员很难适应，而且经常发生差错。例如，他们有时签订了设备系统的订购合同，可是这种系统却无法制造；或者出于无知，在投标竞争设备系统的营造权时，不是性能较低，就是要价过高，结果输给了更加精明的公司。

"每日商情"和定期的销售会议并不能为销售人员提供足够详细的情报信息，假如这个问题不能解决，销售人员就无法跟上瞬息万变的形势。由于"每日商情"不解决问题，该公司就试验用专家系统来协助销售人员和校核订货合同。他们估计目前接受的订货合同中有四分之一都存在错误（一家具有类似问题的欧洲公司声称，该公司100％

的订货合同都有错误）。这家公司很快就对能够胜任此项工作的专家系统的经济效益作了大致的估计，发现每年可节省资金一亿美元，而研制和开发这种专家系统的费用仅几星期就可以收回了。

SRI 国际公司的知识工程师与美国地质勘测部门的科学家合作，建造了一个称为 PROSPECTOR 的专家系统，作为野外地质学家的助手，帮助进行矿藏的野外勘探。该程序不仅具备有关地质学和矿物学的一般知识，而且具备有关某一特定地区，例如密西西比河流域和美国主要山区的专门知识。1982 年，一家公司利用这套专家系统协助勘探和开采华盛顿州喀斯喀特的钼矿，获得成功，据估计所创造的价值在几百万到一亿美元之间。该公司的专家本身并未估计到在那里会发现钼矿，据报道，该公司一直将附近开采挖掘出的废石乱土堆放在真正藏有钼矿的地方！

问题分析五：赢得竞争优势

问题："我们所采用的技术在整个行业里是众所周知的，并为大家普遍采用。而我们占有的市场却很小，并且这种状况不易改变。要想占有更大的市场，就必须有改进技术性能的新思想，哪怕是小小的改进也是相当重要的，因为这样就可以使我们同竞争对手产生差异，表现出我们的特色。"

有一家大的仪器公司专门生产心电仪，该公司生产的心电仪不仅能记录心电图，而且还能帮助医生分析心电图。心电图的计算机分析技术是在 60 年代发展起来的，到了 70 年代后期，这一技术已被医疗器械工业广泛采用。其性能保持在75％的正确率，然而学校和工业研究所都未能提高这一比率。看来需要有除了普遍的统计和模式识别方法外的其他方法。该公司的市场占有率一直在5％左右。根据市场调查研究，该公司相信，假如心电仪的正确诊断率能从75％提高到85％，那么市场占有率就可能提高到30％，这样就增加了心电仪的销售量，每年就可增加几百万美元的收入。基于这种想法，这家公司决定采用专家系统的方法，并且已经开始了这项计划，假如成功的话，研制开发费用不到一年就可收回。

除了以上列举的几个主要问题外，还有更多的其他问题使人们都乐意采取专家系统的途径来解决。当费吉鲍姆和其他几位斯坦福大学的同事，在加州的帕洛阿托创建了一家知识工程公司，即技术知识公司以后，该公司将为用户设计专家系统的消息不胫而走，各种有趣的工业问题纷纷涌入这家公司的大门。

例如，中西部一家特殊金属公司提出一个人力资源缺短的问题——这家公司所有的专家都已五六十岁，并且很快就要退休，是否有办法在他们退休以前，把他们的专业知识存储到知识库中？另一家根据用户要求设计生产仪器设备的公司也存在着同样的问题。多年来该公司积累了大量的专业知识，但这些知识常存于人的大脑里，而不是记录在案。遗憾的是人会死亡、退休和知识忘却。为什么不能把这些共同的专业知识收集起来存储在知识库中，从而使专家系统能帮助设计人员，不时向他们提供前辈留下的有关知识和经验呢？

专家系统经验的力量来自它所包含的知识。目前,知识还是存在于人类专家的大脑中,而将这些知识从专家的脑中发掘出来——人工智能专家称之为知识获取问题——则是知识工程师现在所面临的最大难题。专家系统的功能已经证实,但是知识的获取,则是人工智能实验室在未来十年中所必须解决的重大研究课题。

四、 专家系统的剖析

关于专家系统的性质和结构,我们能否给出一般性的描述呢?回答是肯定的。到 70 年代末期,专家系统以及构成专家系统所必需的知识工程,已经显示出一些大致共同的特征。

知识是某一专家系统性能优劣的关键因素。这种知识分为两类,第一类是有定义的事实——即在专业人员中间意见一致、广泛共有的知识,这种知识是写在某种专业的教科书上或学术刊物上,或者是教授在课堂上讲课的基础。对于某一领域的实践同样重要的是第二类知识,叫做启发性知识,这是关于在某一领域善于实践和善于识别的知识,是一种经验知识,是人类专家经过多年的实践所学会的一种"善于推测的艺术"。

一个专家系统若要以专家的高水平——可以与硕士、博士或某一领域的老资格专业人员相比——来解决问题,那么它的知识库程序中就必须具有上述两种知识。知识库同我们经常听说的数据库并不一样,两者之间的差异可以通过类似的比拟加以说明。

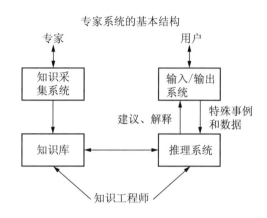

专家系统的基本结构

假定你是一名医生,走到病人的床前,拿起病人的病历卡。

你的数据库就是病人的病情记录,包括病史、身体主要器官症状的检查情况、服过的药以及对药物的反应等等。现在的问题是,你必须对这些数据加以分析解释,以便继续诊断和拟订治疗方案。为此,你要运用你的医学知识。

你所运用的知识库,是你从医科学校以及在毕业后实践的年月里所学到的;也可能是你现在从医学杂志上所学到的,它们包括事实、偏见、信仰,以及也许最重要的是启发性知识。

当然,作为医学或任何其他专业领域中的一名专业人员,你也许要知道其他事情。例如,需要掌握如何将你的知识加以整理和储存的方法,以及对它们进行合理判断的方法。

启发性知识是最难获得的,因为专家或任何其他人,很少具有能认识到什么是启发性知识的自我意识。因此,启发性知识必须从他们的头脑中煞费苦心地挖掘出来，每一次挖掘都得到一块宝石，挖掘者就称为知识工程师。知识工程师从事的是人工智能的研究，他们知道如何用计算机来描述知识，如何利用知识来创造出推理程序。从本质上讲，他们是搞交叉科学的。他们将其挖掘出的知识珍宝编成知识库，这就是专家系统最重要的部分。

除了知识以外，专家系统还必须有一个推理程序，这是一种推理方法，用于理解问题并根据知识和问题的互相结合来行动。知识工程师所运用的推理程序或解决问题的方法，并不要求是神秘复杂的，而往往是简单的方法，例如常识性推理所用的方法，或初等逻辑学中所讨论的推理方法，都能够胜任。事实上，采用简单的推理程序还有好处，因为当专家系统的用户在检查系统的推理路线时，这些简单的推理方法很容易为用户，即得到专家系统帮助的人所理解。如果使用者不能很容易地理解专家系统的所作所为，他们就不会相信专家系统的推理能力，因此也就不会去使用它。

例如，常用的一种简单推理方式是倒测法（goal-directed backward chaining），这是人们考虑问题时常采用的一种策略，即根据预想达到的目标往回推算，如何从出发点开始朝这一目标前进。例如，假定你的目标是从旧金山驱车到纽约市，运用倒测法的过程是这样的：首先，你会想象已经抵达了目的地，把你的汽车停在曼哈顿的河边汽车道上。在你的想象中也许是白天抵达了目的地，也许是晚上才到达，根据这一提示你就能考虑确定抵达目的地的时间；根据你的经验，可知道应当在晚上到达纽约，因为那时停车比较方便。然后你往回推算，计算出你最后一天应行驶多长时间（不能太久，因为在你抵达的当天晚上将有一个盛大的宴会，你参加宴会时要精神饱满），所以你决定前一天晚上应当在哈瑞斯堡或匹兹堡过夜。匹兹堡颇为吸引人，因为你有许多朋友在那儿，可是这样一来你又必须留有时间去走亲访友，因此前一天的白天你也不能行驶太久，这样的话，再往前一天的夜晚就应当在印第安纳州波里斯度过。如此这般，你就可以一天一天地往回推算到起点站旧金山。你有了数据和目标，再利用推理程序使这些知识起作用，就能朝着目标前进。

人工智能的研究人员已经鉴定、剖析，然后复制了许多人类一直在使用的这种推理程序，而建立专家系统的知识工程师也善于为他们正在编写的程序选择合适的推理程序。

专家系统也需要有表示说明它所要容纳的知识的方法，这是一个技术性问题，也存在一些专业上的争论，但是从本质上来说，必须有一个逻辑结构和一套适宜的数据结构，只有这样，知识库中的特殊知识（例如晚上到达曼哈顿的河边路，在匹兹堡住在朋友处）才能够进入计算机的存储器。

与数据库的管理相类似，知识库的管理也是一个难以解决的问题。根据知识的特点和性质以及它们在知识库中的相互关系，如何将知识加以组织、控制、传播和更新？所有这些工作都要求在专家系统中自动进行，而不能加重使用者的任何负担。

　　知识库管理系统和推理系统现在已经集成在软件包中,这种结构使得研究人员能很快转入其他专业领域并建立起全新的专家系统,所花的时间比起从头开始要少得多。所谓"少得多"的意思,就是所花的时间可以按数量级减少。五十个人一年完成的工作,现在只要五个人一年就能完成。打个比方,MYCIN 系统可以拆卸,用新的知识库来替换原来的知识库,这样就建成了诊断肺病的 PUFF 专家系统,或进行工程结构分析的 SACON 专家系统。所有这些专家系统的核心是软件包 EMYCIN,这一软件包中有知识库管理系统和解决这些类型的问题所必需的推理程序。

　　简言之,人工智能的主要技术问题构成了知识工程的基础,可以按专家系统的各个部分加以罗列。第一个问题是知识表述。某一工作领域中的知识,如何在计算机的存储器中以数据结构的形式加以表示,从而在解决问题时可以方便地存取这些知识?

　　第二个问题是知识利用。怎样才能利用这一知识来解决问题?换句话说,推理工具应当如何设计。

　　第三个问题,也是最重要的问题,便是知识获取。计算机取得知识的方式是,将人(专业人员)或教科书的专业知识转变成符号形式的数据结构,这就构成了计算机的知识表达形式。怎样才能按照这一方式,自动地或至少是半自动地获取对于解决问题十分重要的知识? 知识获取是人工智能的一个老问题。"学习"就跟"智能"这个名词一样,含意太广而不够明确,所以在研制智能计算机程序时不用这一名称。

即使计算机的性能已经通过实践加以改善，但是询问一部计算机是否真的会"学习"，或者追问计算机是否真的会"思考"，都是毫无意义的（如人工智能最早的程序便是这一情形，这一程序最终夺取了下棋冠军）。

现在，我们就能够更确切地弄清机器自学习的问题，并且随着理解的确切性的提高而出现了一个新的术语，叫做知识获取研究。

这是人工智能研究中最重要的一个中心问题，理由很简单：人工智能程序的功能是否可以增强或扩大，完全取决于它能否包含与该问题有关的特定知识。因此，要求有效的知识库的知识一定要多，而且质量要高。

目前正在煞费苦心地获取这种知识；各个计算机科学家与各个专家一起开发专家们的启发性知识，将知识的宝藏从他们的头脑中一个一个地挖掘出来。假如人工智能的应用在未来的几十年里是很重要的话——我们相信会是这样的，我们就必须寻求更自动化的方法来获取知识，以代替目前这种非常枯燥、耗费时间和资金的方式。在目前来说，知识获取这一问题则是人工智能的关键性问题。

五、 知识工程师

费吉鲍姆的妻子新子也是知识工程领域里的先驱者、行家和艺术家。她受过程序设计者的一般训练，为普通的计算机编制程序系统，这些工作十分单调乏味。这样干了几年之后,她逐渐对这种工作感到厌烦,于是决定回到学校去继续研究生学习深造。

她选择了斯坦福大学,在那里她接触到"探试程序设计方法"(heuristic programming),这种方法比起系统程序设计方法,能使计算机的功能为她广泛的兴趣提供更多的余地。"探试"(heuristic)这个词起源于希腊文 eureka("探索"),用来表示一种经验法则或善于推测的法则。探试方法不像普通的算法那样能够(或自称能够)绝对地保证获得预期结果,但是这种方法给出的结果多半是特别有用的。

探试程序设计方法提供了各种获取人类专家知识的方法,而且最终将这些知识给予他人——甚至交还给专家本人,而人类专家则存在着诸如粗心、遗忘、误解或是厌倦等缺点。

近十年来,新子考察了许多以往安装的专家系统的结构,取得了经验,现在她对于接近一位新的专家和该专家的专业领域,已经有一套标准的方法。她的方法并非对所有的知识工程师都行得通,例如她在访问专家时不用录音机,但是方法非常典型,足以说明问题。

当然,首先她必须说服人类专家同意用相当多的时间,来挖掘他脑中的知识宝藏。就其本性而言,专家都是大忙人,常常有人来向他们请求:"就这一件事。"但是由于种种原因,有可能说服专家同意这么做,这样研究方案就可以开始了。一旦新子已经争取到专家的合作,她就将全副精力都倾注到这位专家所在的专业领域里,阅读大学的课本、文章和其他背景材料，一方面为了对这一领域有所了解，另一方面掌握这一专业领域里一些常用的专业词汇。现在，她已经为第一次访问做好了准备。

一开始，她请专家描述一下他认为能做的事，而且她也请专家考虑一下他是如何解决问题的。她要求专家选择一个较难的问题来加以说明，因为太容易的问题会使任何人都失去兴趣，而且，也不能表现一个人的真才实学。新子的准则是，选择的问题虽然不能太容易，但是也不应当太难。她一般倾向于选择那些专家们花几个小时就能够解决的问题，因为假如一个问题要花上几天时间才能解决，这个问题可能就太难了，利用目前的人工智能技术尚不能将它设计成为一个专家程序。

收集到这些原始资料之后，她就将它们交给小组的其他人员，即程序设计师。虽然编制程序的实际工作是由程序员来承担的，但是在几种解题的方法中，选择何种推理程序最适合所要解决的新问题，则是由知识工程师来负责的。程序员必须在几天内拿出程序的初稿并进行试验。奇怪的是，开始的几天时间（而不是几个星期）对于是否能把专家们吸引到这一研究计划中来具有至关紧要的心理作用。专家也和我们一样，都希望尽早地看到自己的成果，而且一定愿意继续把自己宝贵的知识和时间，奉献给他们能够看到正在取得进展的研究项目。

当然，专家系统程序的初稿也可能出大的纰漏。这可能是因为专家没有真正表达清楚他的所作所为,也可能是专家的意思被误解了。常常会出现这样的情况,专家自称所用的方法实际上是教科书上的方法,而他本人并未在实际中加以实践。因此当他看到在荧光屏上显示的程序时,会喃喃地说:"这不对。"

新子就问道:"我们在什么地方出了差错?"

但是,假如专家一开始就未能讲述清楚,那么现在他也不一定能够完全表达清楚。于是新子就请他再讲述一个典型的问题,并将解决这个问题的每一个步骤都用语言表达出来。她发现专家这一回所说的解决问题的方法,同他第一次所讲的书本上的方法常常是大不相同的。

她全神贯注地倾听专家的谈话。有时专家谈到他所依据的某些数据,而事实上他从未注意到这些数据,或者是新子发现他实际运用数据的场合与他所说的场合并不相同。所有这些情况都要编入新的、修改过的专家系统程序中,并且在专家尚未将其兴趣转移到其他地方之时,就要请他对程序加以验证或修改。

新子说,在访问过程中,她注重的是专家如何运用他的知识,而不是他所提供的事实。当专家在口述时,她就在脑中系统地估价各种人工智能的知识表述方法和推理方法,例如倒推法、黑板法或产生式规则,看看用哪一种方法同专家的行为最为相称。她向专家问道:"这么做有意义吗?""你能否用那一种方法来做?"提出这些问题不仅是为了从专家那里吸取到更多的知识,而且也是为了验证一下在她头脑中已经形成的有关专家工作的模式的概念是否正确。同时，她还必须确定这位专家做出的解释和假设是否属于特例，或者在这一领域是否存在着普遍一致的看法。当她把专家的知识同书本知识相比较时，常常发现书本上的知识是如此一般化，几乎没有什么用处。当专家提及教科书上的论断时，一般都会说："这种说法虽然没错，但是假如你接触到很多的实际情形，你就会发现这种说法到头来还是不对。"此时，同是某种知识却似乎有成千上万个特殊情形。

另外还有一个问题，就是如何在访问过程中使专家始终保持全神贯注——即使是专家有时也会思想开小差。新子的诀窍之一就是把注意力集中在她请专家提供的特定问题上。典型的问题不仅可以使大家兴趣盎然，而且也可用来检验她对该领域的思维方法所建立的模式是否正确。所有这些过程日复一日地重复进行，并且不断把模仿这位专家行为的计算机程序的最新修改本交给他审阅。

尽管有时事先设想得很好，准备工作也很仔细，但是有时还可能发生差错，即专家选择了一个不合适的问题，或者是知识工程师选错了用来表示这一过程的方法。新子写道："编写知识库程序的困难之一，至少在于该领域的专家和知识工程师经常要改变他们的观点。随着程序中知识积累的增加和问题变得越来越明确，知识工程师会找到表示和处理知识的更佳方法。程序所产生的作用会促使专家改变他对问题的看法，这样也就为知识工程师带来了进一步要解决的问题。专家程序的开发涉及这样一个过程，即在专家和程序设计人员之间寻找一种融洽的工作关系,并且渐渐地研究出切实可行的程序结构。"①
这是一种复杂而又微妙的双人舞。

关于知识工程,新子总结了以下几点体会:

1. 你不能是你自己的专家。自己对自己的专业技能进行检验分析是危险的,就会像蜈蚣一样企图让它的一百条腿协调前进,结果却把自己的腿脚都缠结在一起,直到精疲力尽为止。

2. 从一开始,知识工程师就必须有前功尽弃的思想准备,作家写作要打草稿,画家预先要画草图,知识工程师也不例外。

3. 问题必须选择恰当。人工智能是一门年轻的学科,尚不能包揽世界上存在的每一个问题。专家系统是用计算机语言来描述问题的,这就需要大量有关这一问题的专门知识,而不是一般知识,因此当问题的范围选择合适时,专家系统就能发挥最好的作用。

4. 假如你想进行任何重大应用课题,那么你就要同专家多方配合;假如专家对计算机一窍不通,那么你的工作就会格外艰难。

5. 如果你平时使用的方法没有一个行得通,就要建立一个新的方法。

6. 对于任何隐含不确定性的事而不是事实,都要加以处理。启发性的知识并不是不容怀疑和绝对可靠的,因此不能把它当作事实根据。在专家系统内必须有一个评估程序,用以权衡专家的这些说法,

① H.Penny Nii, "An Introduction to Knowledge Engineering, Blackboard Model and AGE," preliminary draft.

例如"我强烈地认为……"或"根据证据我们就可以假定……"。

7. 一个功能较强的程序，或是一个最终为专家所接受并自己运用的程序，必须具备一种能非常方便地对知识加以修改的方法，以便及时吸收新的信息，同时剔除过时的信息。

8. 问题必须令人有兴趣和有实用意义。目前已有能够解答猜谜问题的知识库程序，可是有谁把它当作一回事呢？更为重要的是，用户必须了解专家系统对他的工作的实际价值。

新子坚决主张她的专家系统对于得出的任何结论都要解释其推理路线。这种解释可以使人类专家用不着对编制程序的细节加以钻研就能理解程序。这种解释也能够暴露缺点，不光是程序编写上的毛病，而且还有知识库本身的错误，这些错误可能是由于誊抄过程中的笔误、知识不完整、知识运用不当或专家之间的意见分歧所引起的。对于含有不确定的知识（这种不确定的知识包含了所有"大概""或许"的情况）的程序，使用者不能盲目地接受结果而不考虑推出这一结果的推理路线。专家系统必须解释它的推理路线是对专家系统的必需要求，关于这一点，新子担心无论是日本的还是欧洲的从事知识工程的专家人员都未能有所理解或认识。

知识工程师既是"多面手"又是专家。他必须能够谨慎而准确地使自己进入他所研究的专家的大脑世界，从而最终能非常正确地模仿专家的思维方式。这里显示了他的全面才能，但是他也必须能够用某种方法将专家的知识设计成程序框架，从而使程序设计人员能够将这一知识转变成计算机的工作程序。知识工程师就好比是外科主治医生、建筑大师和渔网编织大师。然而，知识工程师在专家系统中的作用是暂时的，他的工作是如此敏感、重要和艰苦，以致几乎所有的人都认为这项工作必须尽快实现自动化，除非人工智能想要扼杀自己的前途。

六、 专家系统中未解决的问题

虽然为建立专家系统所做的初步努力，已经打下了重要的理论基础并建立了某些有用的工作方法，但这些还非常有限。人类专家不仅能解决问题，而且能对结果加以解释。他通过学习重新建立自己的知识；他知道何时应当打破条条框框；他懂得什么是与他的工作有关的，而什么是不相干的；当他确实犯了错误时，并不意味着一切都完了。而且，他知道什么时候力不从心，这时应当请求外界的帮助。任何行业中的初学者都会很快就知道，例外情况就和规则条文一样多，而要成为一名专家的一个重要方面，就是要学会不仅仅从字面上理解规则，而且要理解规则的精神，要搞清楚什么事能做，什么事不能做。然而，专家系统迄今还不能理解这些事情。

专家系统的研究开发目前仅限于解决问题、进行解释和各种深度的学习这几方面，其中解决问题的能力研究得最为透彻——我们能够知道什么事行得通而什么事行不通——而解释和学习（知识的获取）功能的研究几乎才刚刚开始。

因此，专家系统的研究目前处于这样的阶段，即探讨可以提供系统构造原则的各种问题。假如迄今存在什么原则的话——而大多数人工智能专家更喜欢称之为"知识的基本成分"，而不愿意称之为"原则"——这项原则就是：力量存在于知识之中。但是，知识不是完全正确的，也不是完整的，因为几乎从定义就可发现，人工智能所研究的那些问题，几乎没有完整的定律和理论可言。正如我们和知识工程师都已经看到的，专家的知识常常也是不完整和不正确的，这是因为专家本身也常常吃不准他对自己的专业领域究竟有多少真知灼见。

还有其他问题：专家系统往往缺乏适应性，不能既迅速又方便地加以改进而适应新的情况，且只能在比较狭窄的专业领域中处理问题。人与计算机之间用自然语言互相交往也是一个难题，因此用户与程序之间的对话就必定受到限制。

专家系统的设计人员遗憾地发现，建立专家系统的研究环境与用户的使用环境并不相同。例如，为数字设备公司（DEC）的 VAX 计算机解决构形问题的专家系统 R1，在实验室里解决问题的准确率可达90％，可是当第一次拿到现场使用时，准确率却降到 60％。使用者不了解程序是如何工作的，利用的数据也不准确，在现场与在实验室，问题的内容组合也不同，如此等等。因此在实验室里评价一个专家系统在实际运用中性能如何，只能给出粗略的结果，这样专家系统就必须不断地加以改进和调整,使之日臻完善。①

最后,还存在人的问题,这个问题缩小来看,反映了许多工作人员必将面临的问题。这是一场革命,而革命就要有损失和伤亡。一位专家很乐意把自己和自己的知识交付给知识工程师,可是当他发现经过多年辛勤研究所获得的专业知识(而且由于具备这些专门知识,他享有高薪和荣誉),结果只要用几百条经验就能表达出来时,他便受到极大的打击。开始时他对专家系统难以置信,然后变得无比沮丧,最后则丧魂落魄,脱离了他的专业领域。

是什么力量促使专家把他独一无二的所有专业知识都和盘托出——先交给知识工程师而最终交给机器呢? 因为这么做毕竟引起了工业革命开始时的骚乱,在 80 年代初期,当工人看到机器人时,心里即使不怀恶意也是非常紧张的。

在某种程度上说,促使专家交出专业知识的力量就和促使人们写书的动力一样:他们也许并不指望流芳百世,但是至少希望他们的专门知识能广为流传,而且这种愿望出自各种各样的动机。这一点在专家系统把握住专家自己的想象力时,表现得尤为明显。几个星期以来,也许时间还要长一些,专家一直注视着跳跃着的荧光屏,看看他的思维过程被描绘成什么样子。忽然,他经过毕生精力所建立和培养的推理过程全都显示在他面前,模仿得惟妙惟肖时,这时他精神兴奋,因

---

① Randall Davis, "Expert Systems: Where Are We? and Where Do We Go from Here?" *AI Magazine*, Spring 1982.

而在完成对专家的大脑思维电子成像的最后过程中，他成了一名热情的合作者。正如一名研究人员所说的，他感染了"不朽症"，一想到他一生经历辛勤得来的知识和经验将会流芳百世，他就感到得意洋洋。

人类需要专家系统，但问题是人们常常不相信专家系统。在过去五十年里，心理学家已经证明，意识清醒的人脑在任何给定时刻只能轻松自如地处理四个左右的信息数据，实在太有限了。计算机程序可以帮助处理人脑有时候不得不接受的大量数据，并将这些数据编译成单一的译码，这样就可以使人们的注意力转向其他不容易为计算机所接受的知识，并将这些知识用于所要解决的问题。如果这一过程是循环的——如果新知识最终也能被计算机接受——则使用者就可以愉快地转到其他新问题上。"思考"这项任务实际上可以转给计算机去完成，而且完成得既迅速又准确，的确比人做得还好。当专家们已经明显地看到这一事实时，大多数人都感到兴高采烈。可是直到这一时刻，同样是这些人仍然对计算机是否确实能完成这一任务持怀疑态度。

尽管存在这些问题，专家系统还是取得了相当的成功。专家系统改变了人工智能研究人员关于智能构成的观念，而且引起外界相当的注意，尤其是吸引了企业家。由于经验的积累和新工具的研制，建立一个专家系统平均所需要的时间，已经从原来的五十个人年降低到五个人年。

但是问题依然存在，而且很难克服。也许，外行很想嘲笑般地问道：为什么科学家在投身到专家系统之前，事先没有预计到所有这些问题？科学只有在条件成熟时才能形成。有些问题直到其他问题都已经解决时才出现。这是人工智能的发展过程,所有其他科学也是如此。人们也不妨这样问道,为什么贝多芬花了两年多的时间,经过无数次创作和修改,才写出了伟大的合唱交响曲——第九交响乐,难道他不能一下子就成功吗?

七、 人工智能未来的展望

如果人工智能的产生是人脑所曾从事过的最具有挑战性和最能引起争论的工作之一,假如困难似乎多半都可以解决,那么对这一领域未来的各种推测也就难免。可是事实上,没有人能确切地知道将来等待着我们的是什么,我们只能猜测。

"机器"医生

世界上许多种专业技能的分布都是不均匀的,医学就是一个很好的例子,这也是美国国家卫生协会一直站在支持专家系统研究前列的原因之一。乌兰巴托的市民并不享有和洛杉矶的市民一样的医疗条件,费雷斯诺的市民也不具备这样的条件,而即使是在洛杉矶,穷人的医疗保健也不如富人。

假如机器医生的概念使你反感,那么并非人人都有这种感觉。在英国的一项研究表明,许多人更加喜欢接受计算机终端的检查,而不愿意接受人类医生的检查,不知怎么他们觉得医生有点难为他们。实际上，"机器"医生就是专家系统，它能在各种可能性中间有条不紊地加以比较、选择、推理并得出结论。由于系统井井有条的工作方法，"机器"医生的性能常常超过建立这套系统的专家，它不会遗漏或忘记什么，不会感到疲倦或匆忙了事，也不会犯有其他一些人类易犯的缺点错误。它能随叫随到，应病人之便而不是应医生之便。而且，它能够把医疗送到缺乏医生的地方。

智能图书馆

任何对知识感兴趣的人，都会欢迎智能图书馆，这是专家系统的一个应用。现在的图书馆里藏有信息和知识，但是必须加上你的智慧。你在目录卡片中翻找，在图书架上翻阅、检索和选择有关的内容，结果大失所望，只好去询问图书馆管理员。

以知识信息处理系统为基础的智能图书馆，不仅能提供知识和信息，而且还提供智能。它是主动的，而不是被动的。它会与你进行对话，根据你所说的来推断你的实际要求是什么。你可以提出问题，陈述目的要求，而它则通过反问来推测并设法满足你的愿望。它甚至会提醒你一时未曾想到的问题。它能检查你的假设，证明你的直觉，并加以解释，直到你真正理解为止。

这一切都是通过推理来进行的，有时候图书馆并没有给你直接的答案，但是它可以通过信息推导出解决问题的方法，并向你提供合理的方案，且应你的要求解释这些方案。

我们已经知道图书馆将来的结局如何，这种情况也许不久就会发生,这是否意味着书本的归宿也是如此？尽管我们已经有了电话、电传电报和其他互相传递消息的方法,可是我们还要写信。也许在遥远的将来,书本会成为艺术品。可是与此同时,想要取代书本的任何系统必须满足书本所具备的几大优点:清晰度高、携带方便,并且可以随意翻阅。人们可以想象这样一种解决办法:有一种书本大小的阅读机器,可以插入芯片,即使你翻山越岭或远渡重洋,也可将它随身携带,甚至如果你想听而不想看时,只要按一下电钮,书写的文字就会变成说话的语言。

智能老师

一位西方知识界的领导人物,知道自己对科学一无所知,最近大声抱怨世界已经将他忘却。这种反应似乎有点偏激,可是假如他能坚持学习的话,就会得到各方面的帮助。

有许多科研问题我们是一无所知的,但是如果学习起来不是十分费力的话,我们都希望对这些课题有所了解。可是在学习时偏偏会有两方面的困难:首先,人们的头脑很难掌握那些与原来所习惯接受的概念完全不同的新概念;其次,对于一个成人来说,要他完全承认他自己的确不理解,是一件极其难为情的事。因此,我们当中的大多数人没有很好地接受人类智慧的成就,而为困难所压倒。然而,假如我们有一位无比耐心、天资聪颖、而又不对学生评头品足的老师,我们的感受可能就不同了。

"你能替我讲讲物理学吗？"你单独地向智能老师提出问题,而它向你反问道:"我们可以从统一的理论开始讲起吗?"你回答说:"当然可以。"于是智能老师就开始向你讲述,文字可以打印显示在某种接收器上,而且图片也很快就开始显示。就是在今天,因为有了计算机图解方法,许多无法用其他方法图示的现象,也都可以借助图像来加以理解。定理令人惊讶地变成了美妙的设计图案,规整、优雅地呈现在眼前,栩栩如生,再现了中国的一句古谚:百闻不如一见。

有了智能老师,你想了解的各种程度的知识和经验,它都能提供,从初学者想要了解的一般性简要介绍,到只有专家才想知道的有关专业知识的详细说明。当第一次解释概念未能使你弄懂时,智能老师(或者是因为你明确地告诉它你没有搞懂,或者是它自己通过对你的测验发觉你还不懂)就会改换解释的方式,即利用比喻、图形、数学名词来想方设法使你搞明白。如果这时你还是不理解,智能老师就会非常得体地告诉你,什么是你确实能接受的,用不着为不能做到的事而烦恼。

知识模拟机:教学"游艺机"

如果上述智能老师能够提供成人教育(日本希望将来用智能老师来对中年人进行终身教育),那么儿童的教育又会是什么样的呢?

最近举行的电视游艺机讨论会,提供了一个答案。这次会议似乎很奇怪,本来是要探讨智能计算机在教育上应用的可能性,可是结果几乎所有发言者的主题都是关于学习。

几位正在从事电视游艺机的尖端研究、对当今流行的枪击凶杀电视不屑一顾的发言者,提醒在坐的学者们说,无论从何种意义上讲,电视游艺机都尚处于幼年时期。但是即使处在这种初始阶段,我们还是不难想象未来的电视游艺机可能是什么模样,到了那时,计算机已具备很高的速度和很大的存储容量,而且还有高度复杂的绘图能力和推理功能。这些未来的电视游艺机,除了可供娱乐(这是游艺机的本质)之外,也许最重要的特性就在于它们可以用来教学——既轻松又自然。

某些特别小组已经有了这种专门为他们设计的"游艺机"。飞行员学习驾驶最新的商用喷气式飞机,用不着一开始就上天试飞掌握操纵器。他们有了一个价值一千万美元的玩具,叫做模拟机,他们坐在模拟机上进行训练,同他们驾驶真实的飞机在空中飞行时的感觉一模一样。

关于游艺机的概念我们总有一些特别的、主要是睨而视之的想法:它们肯定不会是严肃的,而且与成人世界的事务活动关系不大。可是游艺机当然会涉足成人世界。科学家常常把他们的所作所为描绘成令人快乐的游戏,证券分析家也是如此(习惯说法是"玩股票市场")。一些游艺机设计人员争辩说,即使今天公认电视游艺机尚处初期阶段,它们就已经能够激发才智并教人学习各种技能以及一些还在设计的东西。日前有一种叫做"时间循环"的游艺机,可以把参加游戏的人推回到以前的历史,让他参与暗杀尤利乌斯·恺撒,让他面对面地说服本杰明·富兰克林签署独立宣言等等。目前的游艺机甚至还有时间限制,在"侦探"游戏中,如果游艺者的思路稍有迟钝,证据就会消失,而且它一旦消失,就在整个游艺过程中不再出现,游艺者必须用自己的聪明才智加以弥补。你说这种游艺机是培养推理能力呢，还是仅供消遣玩乐而已？

如果有朝一日这就是孩子们的学习方式，那么教室又要变成什么样子呢？从长远的观点来看，教室也和其他机构组织的命运一样，也就是说，将会完成历史使命，逐渐衰弱直至消亡。可是在不远的将来，只要那时大多数丰富多彩的游艺机，或者是模拟机，或者是幻想机，或者我们无论把它们称作什么，安装起来既费地方又要花很多钱，因此大多数家庭都不愿意自己置办这些装置，那么某种类型的教室肯定还会存在。而且，孩子们需要其他儿童伙伴，而新的教室就是他们结识同伴的场所之一。

人类教师会消失吗？也许不会。但是，孩子们的学习方式比现在的方法更加独立，他们自己掌握学些什么或什么时候开始学习。孩子们能聪明地加以选择吗？唯一的条件是提供给他们的学习游艺机是能够传授知识的。人工智能研究人员长期以来一直希望通过探索如何设计智能计算机程序，来搞清楚人类的学习过程。可是到目前为止，我们光知道让小学生们学会书写和记住一些生字。教育家和认识心理学家在未来几年里所面临的重大挑战之一，就是设计出能够传授技能的游艺机，这些技能是踏入新的世界所必需的。也许他们的首要任务是认识这些技能。

智能报纸

有些人认为时事是吸引人的，有些人则认为时事新闻的作用是如此短暂，以至在这方面所花费的任何时间都是白白浪费。智能报纸将能了解你的想法而采取相应的行动。

智能报纸所以能够理解，是因为你对它加以训练的结果。经过一段不太费力的过程，你把特别感兴趣的题目通知你的智能新闻采集系统，编辑上的事由你作出决定，而系统会根据你的决定来采取行动。可供它选择的消息来源也许有成百上千个之多，而它能够知道（因为你已经告诉它）哪一个消息来源是你最可信的，你希望听到何种不同观点，以及在什么时候最好根本不要来打搅你。

你可以让智能系统观察你浏览翻阅报刊的情景，从而间接地推断出你的兴趣爱好。什么事使你发笑？它会记住，然后采集一些幻想作品使你欣慰。什么事使你愤怒？它也会采集有关这方面的消息，然后告诉你有哪些集团与这些事有关，又有哪些团体反对这些事。左邻右舍发生了些什么事情呢？你会高兴地得知与去年同期相比犯罪率下降了（或者当你知道犯罪率上升时就会不高兴）；街坊莫顿夫妇刚生下一个取名为乔安娜的宝贝千斤，并对前来致贺的人表示感谢。你甚至可以让采集系统随便为你采集什么消息，你告诉它只要不时使你感到新奇就行了，于是你所收集的信息资料与日俱增。

家中的知识信息处理系统

专家系统虽然首先将会应用于商业方面，可是在家庭方面的应用也许为期不远。家庭电视游艺机和计算机，只是更为复杂系统的先驱者，这种系统也许对任何事都能提供建议，从营养、税款计算到身体锻

炼和法律咨询。几十年来，家长们一直按照儿童心理学家斯波克博士
(Dr. Spock)的学说来培养儿童，可是电子的"斯波克博士"比起书本上
的说教也许更能有效地为父母们提供帮助。

专家系统还能对其他许多工作提供建议：它会告诉你一步一步
地修复漏水的抽水马桶，因为你家的抽水马桶与一般的型号完全不
同，普通的安装说明书毫无用处；它可以告诉你如何修理汽车和家
用计算机；它还能指导你如何管理菜园；和你讨论天气情况、如何施
肥、如何控制虫害，以及参加田间劳动的乐趣；它可以为你提供一本
智能字典，或者说是一部智能百科全书，所有你想解决的实际问题，
而不是一些与你可能有关或者无关的一般性抽象问题，都可得以
解决。

麦考黛克认为，专家系统具备上述这些功能完全不是出乎意料
的，而正是多年来人工智能领域的专家们所一直预测的，这种预测是
有坚实基础的，即从原理上说这些功能是肯定可以实现的。她还有其
他期待的事，当她知道日本第五代计算机的目标之一是要解决老年
问题时，便感到欢欣鼓舞。多年来，她一直为促进和提倡"老年病机
器人"而呼吁。她为之竭尽全力，可是当看到从事人工智能研究的
朋友们只是研制智能医生机器、智能地质仪器、甚至智能军事间谍
机器等等，就是没有可供家庭使用的智能机器时，她感到大失所望。
随着时间的流逝，"老年病机器人"也许很快就会成为人们急切关心
的问题。

"老年病机器人"非常奇妙。它陪伴在你身旁并不是想要继承你的遗产,当然也不会暗中捉弄你,使你病情恶化,也不是因为它在别处找不到工作。它在你身边因为它是属于你的。它不光替你洗澡,给你喂饭,带你出去呼吸新鲜空气,让你改变环境,虽然这些工作它都能胜任。"老年病机器人"最大的优点在于它能听你说话。它会说:"请你再说一遍有关你的孩子们的事。或者再给我讲一遍 1963 年你们突击成功的故事……"而这确实是它的真实愿望,它对这些故事百听不厌,正如你百说不厌一样。它知道你的爱好,这也是它的爱好。不必顾虑这一切本来都应该由人类护理人员来承担,人要产生厌倦,会贪婪,喜欢多样化。这也是人的魅力所在。

几年前,麦考黛克听到耶鲁大学的罗杰·香克(Roger Schank)在一次讲演中谈到,如果一部机器不能感到厌烦,就不能认为它有智能,当时听了这话,她不免感到有点受到打击。可是后来香克又向她保证说,由于程序设计艺术的发展,制作出永不厌倦的机器人是完全可能的。

现在,聪明的日本人宣称,他们的第五代计算机将解决老年化社会的问题。麦考黛克心切地读着一些报告:什么终身教育系统,什么医疗保健信息系统,以及其他不值钱的说教。她厌恶地把这些资料扔在地板上。她觉得自己应当尽快地激发起人们的热情,必须把人工智能的研究从大家都在观望的状态转变为人人都参加的一项运动,只有这样才不至落在日本人的后面。

八、 结束语：专家系统是第二次计算机革命的代表作

专家系统是一种计算机程序，它能够完成各种专业领域中的人类专家所从事的工作。它是计算机科学中称为人工智能研究的一项重大成就。人工智能研究早在50年代中期就已开始，可是专家系统直到70年代才真正开始发展起来。其中一部分原因是由于必要的设计原则违反了人工智能研究人员固守的一条宗旨：人类或计算机的智能行为，应当归结为思维的一般性定律。由于研究人员一直难以抓住这些强有力的一般性规律，因此有些科学家感到不耐烦了。他们决定设计一种虽然不那么具有一般性，但至少能够做某种特定工作的专家系统。他们的设计思想，就是了解尽可能多的事实、经验和知识，从中启发出遇到某种情况时可能采取哪些策略。

正如哲学家和逻辑学家诺思·怀特海（Alfred North Whitehead）所说的，上帝存在于万事万物之中，虽然这些繁杂凌乱的细节会在科学上造成困难，但是却使他们成功地研制出第一个专家系统DENDRAL。这种知识库方法也在其他领域中进行尝试，只要问题经过仔细选择以适合于用现有的人工智能方法加以解决，只要一些人类专家承认专家系统能够成为他们工作中的重要助手，这种方法就是完全可行的（至少有一个高性能的医疗诊断专家系统闲放在那

里未加使用,因为医生认为他们不需要这样的助手。这些医生错了,可是这无关紧要)。

到了70年代后期,专家系统引起了企业家们的注意,他们发现可以利用专家系统来提高企业的生产率和利润。虽然科学家们高兴地看到,人工智能已经大胆、有效地进入了现实世界,但是在他们当中也产生了某些紧张,他们担心这些企业冒险家会把年轻有为的研究人员,引向只注重光有短期市场价值而不一定具有长期科研价值的应用研究。

这种关于纯科学必要性的担心不是没有根据的,也不是荒谬可笑的。人工智能的知识库方法至多只有二十年的历史,而且还有一些重大问题尚未解决。其中最重要的问题也许就是如何获取知识来扩大系统的知识库。他们必须煞费苦心地从人类专家的大脑中把知识挖掘出来,然后把它们转变成计算机可以接受的形式。这对人类专家和知识工程师来说,都是一个漫长而艰苦的过程。

然而,恰恰就是人工智能的知识库方法所取得的有限成功,却激励了日本人着手进行一项雄心勃勃的研究发展计划。这项计划的最终日标,是要大批量地生产专家系统的计算机硬件和软件,其意义就和把手工制作的车辆转变为人人都能购买的廉价的汽车一样。日本人将他们非凡的新计划称作"第五代计算机规划",因为他们相信这种计算机与前四代计算机截然不同,应当加以区别。甚至日本人不把他们的新机器叫作计算机,而是称作"知识信息处理系统"。日本人希望用他们的知识信息处理系统来发动一场世界范围的知识革命，这场革命可以与印刷机所引起的革命相比，甚至有更深远的意义。正如我们下面将要看到的，为了达到这一目的，日本人已经在国内开始了一场意义重大的小规模革命。

第四章　日本的第五代计算机

一、 四十勇士

　　1982 年 8 月初,即在第五代计算机会议后十个多月,费吉鲍姆和麦考黛克在东京一幢不著名的现代化高楼的第二十一层(由于地震的缘故,高层建筑在东京一般还不多)。有间房间跟任何保险公司或业务办公室一样,在一扇装有磨砂玻璃窗子的门上,用英文和日文两种文字写着"新一代计算机技术研究所"(简称 ICOT)。从磨砂玻璃门后面的办公室可以俯瞰东京和东京湾,要是天气好,甚至还可以看到富士山(对于在这儿工作的年轻人来说,观看富士山还只是一种希望,因为他们仅在这儿呆了 6、7 两个月,而东京的夏天却往往是薄雾迷漫。他们对我们说,请冬天再来,那时你们就可以看到富士山了)。

　　跟一般的新单位差不多,办公室里看上去没有什么东西,不加装饰的墙,崭新的家具,简直像还没有人在这里工作过,更谈不上有什么令人舒适的感觉。在美国,计算机设备的周围通常都有标语、广告画和花木，这里至少在最初两个月内还没有。

在一间阳光充足，使人感到舒适的大房间里，四十个研究人员坐在几张长桌旁，在面对面坐着的人之间有低矮的隔板，而在肩并肩坐着的人之间却没有隔板。请别弄错，这些是工作台，而不是工作站、办公桌、终端台或其他类似的东西。实际上，只有在墙角里有几台显眼的计算机，两台苹果Ⅱ型微机、两三台小型计算机、四台接到远程DEC-20系统的终端。这些研究人员向来宾说，月内还将添加两套新设备：一台小型计算机，一台接到DEC-20的终端。丝毫看不出这是要干革命的地方。事实上，大多数美国计算机科学的研究生对如此简陋的设施都会嗤之以鼻。

然而，ICOT所做的事情确实是革命性的。所谓"革命"，这里有两层意思：第一层意思是很明显的，ICOT的研究人员要搞出第五代计算机，从而导致第二次计算机革命；第二层意思则是与这一革命紧密相关的，或许是必要的先决条件，即一场社会革命，至少对日本说来是这样。

首先，根据渊一博的要求，除了ICOT的所长渊一博外，在那儿工作的每个人都必须在三十五岁以下，有些人甚至更年轻。虽然渊一博本人已有四十五岁左右，但他很早以前就清楚地认识到，年纪大的人搞不成革命，他坚持他的观点，简单地说就是"年轻而又有为"。

这种看法跟日本企业和研究中心通常的组织方法完全相反，在传统上，日本坚持根据年资而确定严格的等级结构。虽然西方人对由年轻、热切的研究人员建立起机构不会感到惊奇,但大多数日本人却对此深感是一种侮辱。而渊一博由于忽视礼仪,轻率从事,正被视为是科学异己之类的人物。

这些年轻有为的人来自不同的地方,包括决定支持 ICOT 并与其合作的八家公司:富士通、日立、日本电气、三菱、松下、冲电气、夏普和东芝;还有两个国立研究所:日本电话电报公司(NTT)的武藏野研究所(Musashino Laboratories)和通产省的电子技术综合研究所(ETL)。由于各种不同的原因,这些研究人员已确定要在这儿度过三年时间。其中的大多数人都由渊一博亲自挑选,其实早在 ICOT 建立之前,通过许多委员会的工作,渊一博对这些年轻人已有深刻印象;还有一些则是渊一博以前的部下。大多数人都急切地渴望能有机会直接参加这项意义重大的规划,并承担起在他们各自的公司和研究所里只有资历较深的人才能承担的责任。

对这些科学勇士来说,必须作出相当大的牺牲,但这算不了什么。虽然各家公司的政策互不相同,但大多数 ICOT 的研究人员明白,他们在原公司中的提升(即日本公司中的正常提升)已经暂时冻结,至少是人人减慢了。在往后的二年中,这些人将分享不到通常占日本工作人员年薪百分之五十的红利。少数几个人离开了他们公司的主管位置,参加到这个规划中来,他们知道往后自己要是再回到原来的实验室时,恐怕不可能担任主管的职务了。且不说别的,至少是上下班时间大大增加了,他们到东京的 ICOT 实验室,仅单程一般就要比到他们原来的公司多花两个小时，这对固定时间工作的人来说是极为艰难的，但这些研究人员把他们自己推到了忍耐的极限。

他们对此毫不介意，大多数年轻人被渊一博在中心开幕那天的话鼓动起来了，一位研究人员记得他是这样说的："将来，你们会把这段时间作为一生中最光辉灿烂的年代来回顾，这段时间对你们来说具有伟大的意义。毫无疑问，我们都会非常努力地工作，如果项目失败了，我负完全责任，但是，我们肯定不会失败。"

然而，在 ICOT 中也有少数研究人员持不同的观点。这些人来自态度勉强的公司，这些公司认为第五代计算机将会使日本在国际上感到窘迫，它们只是在通产省的压力下才派出研究人员的。这些人在 ICOT 的无结构气氛中工作感到很不自在，谁来告诉他们干什么？他们采取了自己公司的观点，日本搞第五代计算机野心是否太大了？你曾见过 IBM 公司干过冒那么大风险的事吗？而更糟的是，他们发现自己在干着下等工作，事实也确实如此。在任何重大项目开始时，总会有设计、编码、尝试、失败、实验、争论等这类下等活。这少数人在头两个月惹起了许多麻烦，从而激怒了多数派，他们请求渊一博解决这个问题，他们警告说这样的意见分歧会影响士气，影响工作的。渊一博要他们放心，他希望持异议者改变态度，他保留把他们打发走的最后决定。

即使对那些崇拜渊一博的人（用崇拜这个词并不过分），这位与众不同的所长也常常使他们感到沮丧。在该中心正式开张后一个月，硬件委员会会见渊一博，并向他提交了一份快速行动的两年计划。该计划提出在头三年中用两年的时间造出硬件样机。他们原以为渊一博会满意的，然而他却是大发雷霆。在日本管理人员中，这种进度已极不寻常，但渊一博要他们把时间大大缩短：他命令把时间表压缩到一年半。硬件委员会的成员们简直惊呆了，他们认为他们自己拟定的两年计划已够鲁莽的了，但渊一博却丝毫不予理会，他怒气冲冲地说："我们必须设法做到！"过了一会他冷静了下来，较有理智地说："你们再去仔细考虑考虑，如果非要两年时间不可，那就两年吧；但是，再看看是否在一年半时间内一定没有可能做到呢？要相信自己的才能，在一年半以内给我拿出一台真正的样机来。"

在 8 月初的一个早上，费吉鲍姆和麦考黛克隔着会议桌跟渊一博相对而坐，麦考黛克深深地被他吸引住了，最后使她想起了女文学家紫式部对杰出的源氏，这位 11 世纪的英雄所作的描述："他眼睛里洋溢着欢乐，心里充满着安详，真使人感到疑惑不解，他前几世是否修了什么福。"渊一博浑身散发的活力和强烈的感情，会激励他周围的每一个人。他讲话不多，常要国际研究部那位年轻活泼的女主管冈田裕见子（Yumiko Okada）替他翻译，其实只要他自己愿意，他完全可以说一口流利的英语。他说话时经常带着富于表情的手势，因此往往在冈田裕见子小姐用她流利的英语翻译出来以前，外国来宾几乎已能猜出他讲话的意思。他什么事情都不会错过，看着年轻的研究人员作介绍，精明地估计外国来宾的反应。他有时候看上去似乎在默默欣赏一个人的笑话。

渊一博给费吉鲍姆的印象是朝气蓬勃，爱冒风险，也随时准备冒险。跟那些爬上权威阶梯而渐渐脱离专业的日本第一流技术主管人员不同，渊一博以他对技术方案的深入了解以及使人敬畏的渊博知识而深得下属的钦佩。费吉鲍姆从过去跟他谈话中得到的印象是，渊一博有点看不起日本盲目模仿的旧框框，费吉鲍姆觉察到渊一博的不同在于他为日本人天生的聪明才智感到自豪和骄傲。由于日本人以谦恭有礼接待来宾，使这种自豪和骄傲或许很容易被忽视，但它确实存在，而且特别体现在像渊一博这种人的身上。他们坚信日本领先并不是什么意外的事情，对这样一个有天赋的民族来说，任何目标都不应该被看作是野心太大。渊一博似乎个人承担了一场彻底摧毁老框框的战役，因为强大有力但缺乏创造性的老框框还笼罩着日本人。

ICOT 的所长办公室用国际时髦的式样布置得很精致，透过一面玻璃墙可俯瞰东京湾。麦考黛克认为具有讽刺意味的是，如果美国不能同不情愿的日本人通过国际贸易协定的方式，不折不扣地得到它想要得到的东西，则从这位指挥计算机革命的人物的办公室，可俯视佩里（Perry）将军和他臭名昭著的黑色舰队当年曾威胁要毁灭东京（当时叫作江户）的这个地方。但如果渊一博老是在想着这件事情，这决不是因为他看着窗外。事实上，这个摆着老式家具、柜子里没有几本书的办公室，只是进行仪式的地方。渊一博把自己的办公桌摆在大办公室中间，并用低屏风隔开，以便能随时监督这四十个研究人员，并能立即走近他们。

总之，渊一博是西方少见而东方少闻的那种人，这种人全凭意志力量就能白手起家。他真是一位传奇式的人物。

当然，有关他的传奇故事早就不胫而走。午夜，当不需要在计算机终端上工作时，他手下的研究人员就会互相谈论有关他的轶事。就跟其他传奇故事一样，没有人能十分肯定，哪一部分真实，哪一部分不真实。说得最多的是那些关于渊一博本人个性的轶事。例如，他们说起这样的故事（虽然也没有人能够证实它）：渊一博在他们这样年龄的时候，一次因对他所在实验室的工作方式极为不满，在狂怒和绝望中，他昂首阔步地走了出去，足足有一个月没来上班，只是在他的上司亲自登门拜访，并恳求他回去后他才回实验室。

人人都知道渊一博毫不犹豫地辞去电子技术综合研究所（ETL）工作的事情，这对任何日本雇员来说简直不可思议，更何况他当时已取得了多年资历。然而，他却像一个偏激的赌徒，把所有的赌注都押在第五代计算机规划上。传说只要他晚两三个月辞去 ETL 的职务，就可拿到一笔相当可观的政府退职金，但渊一博不愿让他的第五代计算机规划等几个月，他把个人经济收入置于度外，摒弃了一切。这使在日本终身雇佣制中成长起来的年轻研究人员深受感动。这是一个能用创新精神来思索第五代计算机要求的有魄力的领导人，如果说第五代计算机是能够实现的，则渊一博就一定会把它干好。他是一个能把大家带到理想境地的领导人。他已打破了社会的陈规，他已扰乱了社会的旧俗，为什么科学的陈规旧俗就不会被他一脚踢开呢？

二、 强有力的通产省

　　日本通产省是个政府机构，它跟大多数西方人所知道的那种政府机构不同，是由精华官僚组成的（精华和官僚两词在西方是矛盾的），其工作是广泛而深刻地考虑日本工业的全面成就，最特别的是，通产省的任务是要从长远观点来考虑问题。对通产省官员本身而言，该职责受两种个人因素推动。首先，他们受雇用有终身保障，因此可以安心考虑遥远的未来，而无需忧虑明年的选举变化或预算削减会危及他们的饭碗；其次，每个通产省的官员在各部门之间定期流动，这样可以很好地培养同事之间的私人关系，以利于今后的工作，同时，还可更多地了解通产省的全面情况。

　　为对国家贸易和工业的全面兴旺负责，通产省提请官员们注意长远观点。如果出了问题，人们会责备它没能正确预测，没能阻止失败。由于日本的生存完全依靠对外贸易，通产省采取了许多刺激性措施，他们还负责制定将来有可能付诸实现的最佳国家计划。事实上，由于通产省对工作的一丝不苟的态度而被戏称为"教育妈妈"（舞台上一个老是催促自己孩子学习、学习、再学习的知识分子母亲）。

　　正如傅高义提醒我们的那样，通产省的目标不是要减少日本各公司之间的竞争,而是要造就具有最大竞争潜力的最强有力的公司。傅高义把通产省与国家足球联合会作了一个很能说明问题的比较。足联制定球队规模、吸收新成员的规章制度,又制定了比赛规则,从而使竞争力强的球队能较公平地竞赛。但是,足联(以及通产省)并不干涉球队内部事务,也不会去吩咐教练该怎么干,只是通产省会尽力提供情报来帮助教练改进工作。

　　通常,通产省并不试图直接管理规划,而仅在筹措资金、外汇和技术转移等方面提供指导、优先次序和忠告等。它制定长期发展目标,制定工厂现代化的标准,它甚至资助缺乏资金的公司合并,以符合现代化标准。正如傅高义所说:"他们大胆地试图调整产业结构,把财力、物力和资源集中于他们认为日本将来在国际上有竞争力的领域中。当日本工资增长到西方 60 年代末期的水平时,通产省官僚们就试图把财力、物力和资源从劳动密集工业转移到资本密集工业中去。在 1973 年石油危机之后,他们大大加速这一计划,推进日本的服务和知识密集工业而不是能源密集工业。"[①]

　　通产省对夕阳工业和朝阳工业两者分别有不同的对策:帮助夕阳工业收缩,扶助朝阳工业成长。通产省虽有很大的权力,但这仅是劝说权而不是法规权。公司与通产省合作有以下几种原因:首先,他们明白通产省主要对一定范围内的所有公司的利益感兴趣;其次,通产

---

　　① 　Vogel, *Japan as Number One*, P.71.

省对全球工业发展趋势提供许多极有价值的情报和精辟的分析；再者，在一定范围内，通产省和公司各级代表经常接触，交换思想，逐步加深相互了解。通产省的工作日趋协调一致，它宣布的对策常常影响某种范围内重要成员的态度。

最后，公司的高级职员知道，在申请许可证、执照、选址和减税时，通产省对持合作态度的公司比不予合作的公司优待得多。通产省的不满可能会使公司付出昂贵的代价，它能使用拖延战术，增加难题，对折旧折扣和扣除额采取有偏见的观点，甚至对贷款给公司的银行施加影响。但在一般情况下，通产省没有必要采取上述手段。

通产省自我陶醉于知识的力量，它在几年前就决定日本应该果断地进入信息时代，这并不使人感到意外。实际上，通产省的这一决定只是政府全国性决定的一部分。因此，还要使通产省与政府其他省，如厚生省、经济计划厅、邮政省等联合起来。为了贯彻执行国家命令，方案由几个省共同拟定，当然，第五代计算机是实现所有目标的中心。

1978 年，通产省交给国立日本电子技术综合研究所一项任务，即要他们拟定开发 90 年代计算机系统的规划。按通产省典型方式，应该有人考虑未来十年、二十年的情况。或许同样重要的是，通产省断定现在该是日本人学习大规模创新的时候了。新的一代计算机完全符合这些要求。

通产省同意了第五代计算机最初的报告，并召开会议，向全世界宣布了这项决定。于是第五代计算机的研制规划通过通产省的发起而终于问世了。

　　该规划的预算极为庞大，但如果按美国在该领域中的研究标准来看还不算太庞大。通产省宣布在十年期间，分期赞助 4.5 亿美元，而第一个阶段的三年仅投资 4 500 万美元，然后还对耗资巨大的开发工程作了大量的预算。第一阶段完全由通产省提供资金，但它希望第二阶段和第三阶段需要的资金由参加开发的公司共同摊派，使总的规划预算达 8.5 亿美元左右。以往由通产省发起的其他国家规划，工业界相对于政府的投资比例一般较高，有时达到二比一或者三比一。如果根据规划在第一阶段结束时达到中等目标，而且如果到那时日本经济许可的话，则总预算很可能超过 10 亿美元。

　　这样的预算是否过大，这要看它跟什么比较。例如，美国国防部的高级研究计划局（ARPA）所进行的研究和高级开发的预算总数，即使它无意对日本的挑战作出专门的响应，还是可以肯定会超过日本下一个十年的第五代计算机预算。IBM 公司仅 1982 年的研究开发预算就达 15 亿美元左右。而在另一方面，对那些高度创新但研究开发预算较少的小公司以及从事于短线项目的小公司来说，这笔钱是够大的了。即使是大公司，每年也仅在研究开发预算中留出有限部分用于创新。现在在继续进行的长期研究项目需要投入越来越多的资金，使预算表也越来越大。从这些角度来看，日本第五代计算机的预算还是给人留下深刻印象。

　　同样使人印象深刻的是由通产省和渊一博为执行这个规划而制

定的战略。ICOT 在规划开始两周内，就从参加的公司中召来了四十个研究人员。规划作出仅十四天，预算就编入了 1982 年 4 月 1 日开始的新财政年度计划，在此期间，通产省则表示要寻求规划资金。规划经理选自通产省所属的第一流的电子技术综合研究所，即选自这个规划的发源地，还选自富于创新精神的日本电话电报公司的电气通信研究所。

在 ICOT 建立的同时，各公司研究所的研究开发小组已确定了目标，跟踪 ICOT 的科学技术进展，并把它吸收过来为己所用。该跟踪和技术转移采用以下几种方法来实现。

首先，研究人员在三四年后将从 ICOT 回到他们公司的实验室。同时，当他们在 ICOT 时，虽然各有各的思路，但这并不会使他们之间的协作受到限制。他们经常（一般每周一次）回公司报告工作进展情况。ICOT 打算通过人才流动和例行报告这两种方式，把它的思想观念在所有参加公司中系统地进行传播。这样的合作假如发生在美国，或许会使华盛顿反托拉斯法的立法者感到焦虑不安，但 ICOT 的使命就是要促进这样的合作，并结合规划工作积极培养工业科学家。ICOT 给人有开放的感觉，在这方面有点像美国大学里较大的人工智能实验室。

通产省从 1983 年开始拨给公司的资助经费，由 ICOT 根据履行的工作合同支付给各公司，这种按合同拨款的方式（与领取政府经费的美国工业相仿），在由通产省投资的国家规划中显然是独一无二的，而且在一般情况下,经费都直接由通产省拨给公司。然而,ICOT 在根据合同拨款时,将考虑到每家公司明确表示感兴趣的一个或几个主要领域,并让它在该范围内工作。这种新的支付方式似乎开发执行了一个对通产省极为重要的目标:促使日本工业计算机科学家创新,而不仅仅是发展现有的西方技术。于是 ICOT 选拔了一批智力好、敢作敢为的研究人员,并把他们培养成富于创新工作精神的年轻嫩枝,然后再把他们移植到各工业研究所。合同方式的要点,是确保这些年轻的嫩枝得到必要的和适当的照料,从而使他们苗壮地成长为在商业上有活力的大树。

不少公司对第五代计算机的规划兴趣盎然。例如,日本电气对与 PROLOG 机器有关的硬件和解题软件有长期兴趣;与此相对照的是日本电话电报公司的武藏野研究所,这个"日本的贝尔实验室"对于与用于符号处理的 LISP 程序设计语言有关的硬件感兴趣,以便能够制造一台极高速的 LISP 机器;专家系统在工业中的广泛应用,激发了日立公司的系统开发研究所和能源研究所的研究人员;富士通的中央研究所则对所有领域都感兴趣,从硬件(他们正在制造一种可联到富士通现有机器上的 LISP 机器)到软件以及专家系统的应用。其余的公司也将在 ICOT 的帮助下,很快确定他们各自的兴趣所在。

正如我们将会见到的那样,所有这一切并不都是一帆风顺的,意见也并非完全一致。此外,通产省必须由它自己来承担第五代计算机研究中第一阶段的费用,因为即使是那些热心于该规划的公司,也觉得承担不起如此巨大的经济风险。通产省确信日本已别无他择，只能作出了相应的让步。

三、 各公司的观点

1982年夏天，第五代计算机规划正处于令人鼓舞的时刻。ICOT已为第一年搞到了两百万美元经费，预期在第二年可以增加七到八倍。研究人员至少要为紧张的工作献身三年，他们的雄心壮志给人留下深刻的印象：仅在第一年中，他们就期望开发两个硬件系统，一个是序列推理机，另一个是相关数据库机器，在为期三年的规划第一阶段结束时，两台机器最终要联成一台。

为什么研究人员在第二年花费的经费是第一年的七到八倍？他们回答说，在ICOT中仅保留20％，其余的80％则按具体的工作合同分给各个公司和研究所。那么，谁来选择这些项目？谁来为这些项目选择承包公司？

事实上，ICOT有好几个由资格老但不一定是很聪明的要人们组成的"筹划指导委员会"，其中包括一个顾问委员会、一个董事会和一个对策委员会。筹划指导委员会本身还监督一个管理委员会和一个技术委员会。后来，我们曾跟参加该规划的主要成员、日本最大的一家公司的某位高级管理人员谈过话，他坦率地承认，在目前和将来都会有各种各样的问题。

他说："起初，我们并不愿意把宝贵的青年技术人员投入这项规划，但后来意识到我们的公司要采取长远观点，而这项规划正是我们长期投入财力物力最合适的地方。当然还有许多事情有待于解决，先后次序也有待于确定，但我们确信在三年之内将解决这些问题。"由于他的公司被视为是日本最成功、最富于创新精神的公司之一，因此他的信心看来不会是毫无根据的。

他继续向我们提供进一步的背景："开始，通产省希望头三年仅对该规划资助百分之五十，其余百分之五十的经费则由各家私营公司提供，但我们都说不行，我们承担不起风险这么大的规划，即使是一半也承担不起，更何况还要我们投入研究人员的时间。他们看见我们表示了这样的态度，就同意至少在头三年给予百分之百的资助。三年后看情况再说。"

他沉思了一会又说："你们知道，通产省的意见是正确的。我们也知道，并不是所有的公司都跟我们的想法完全一致，所以，我们意识到自己还有说服其他公司的任务，我们终于接受了这项任务。"

通产省是难以对付的。用"不满"和"敌意"两词还不足以描述另一家公司的管理人员对第五代计算机的态度。他们坦率地告诉我们，他们本来不愿意参加，而最后只是在压力下（我们无法确定压力的性质）才勉强把研究人员派到 ICOT。他们最感不满的，是要把一个优秀的研究人员派出去长达三年之久。要知道，公司是经过多么仔细地挑选，又费了多少心血，才将这些人培养成才，公司不希望他们受外人的影响。而遗憾的是，这在 ICOT 是不可避免的。公司当然不可能另外雇人派到 ICOT 去，因为日本是终身雇佣制。虽然像其他许多日本公司一样，他们也有自己的进行激烈竞争的专家系统研究小组，但该公司认为 ICOT 的目标野心太大。看来最使他们担忧的，还是 IBM 至今尚未作出与 ICOT 目标类似的规划。他们认为自己企业的任务就是不折不扣地按 IBM 所做的去做，只是要做得更好些，价格更便宜些，但不应该不自量力地去做 IBM 还没有做的事。总之，他们单纯地认为，日本在世界上的地位应该是一个超级模仿者，但永远不是创新者。这家公司比较极端，有些公司虽然对 ICOT 也并不十分热心，但至少还是采取了"等着瞧"的容忍态度。

当问及兼任 ICOT 委员会某主要成员的一位经理，他是否认为单靠一家公司（比如说他的公司）就能完成第五代计算机的目标时，他回答说："能！从理论上说，可以由一家公司单独完成，而且如果真这样干，或许还可减少许多浪费和争论，但这就不是一个国家规划了。当然，即使我们当中的大多数人都知道这是 90 年代计算机的正确方向，也没有一家公司会愿意冒如此巨大的风险。"

另一家公司的一位高级职员表示了几乎完全相同的观点。他和他公司的大多数管理人员起初对该规划是半信半疑的，但他们现在都热情支持这个规划，而且还接受了说服其他公司的任务。

碰巧，这家独特的公司在美国有一家类似的公司，新闻界总是把它们作比较。这种比较既让人感到荣幸又感到屈尊，这就跟日本人对麦考黛克能用筷子吃东西,甚至喜欢吃生鱼片表示惊奇时,她的反应一样。更巧的是,这家美国公司几乎是固执地反对人工智能。在东京的一个夜晚,费吉鲍姆和麦考黛克坐在餐桌旁,跟这家日本公司的官员共进晚餐,他们在席间对这两家公司的再次比较引起了阵阵笑声。"他们会改变主意的。"我们的东道主风趣地说,"不必担心,他们非改不可。"我们都为此举杯。

那天晚上我们还谈到通产省所扮演的角色,我们的东道主评论说,通产省以往很少经办过像这样的规划。这倒不是钱的问题(4.5亿美元并不是通产省规划的日常预算),但这么大的数字几乎还是空前的,通产省曾对超级计算机以及半导体工业中的陶瓷制件两项规划给过这种巨额拨款。但通产省通常的策略是支持在研究方面已取得相当进展的方案,并把投资集中于开发阶段。而现在它却用不寻常的态度来支持这项巨大的基础研究规划,并期望它进入世界市场。东道主描述了与此有关的困难,并断言说:"没有人能确切知道结果将会如何。"

"不过,通产省可从来没有失败过!"坐在桌边的一位同事开玩笑地说。

四、 第五代计算机的技术

日本第五代计算机规划的目标,是要为应用范围极广的知识工程设计并制造出计算机硬件和软件。它包括专家系统，能够理解自然语言的机器和机器人。为了实现这些目标，日本人不仅必须大大改进目前计算机的能力，而且还必须对现有技术作较大的创新，从而使第五代计算机能：支持巨大的知识库；迅速进行相关检索；执行逻辑推理操作跟目前的计算机执行算术运算一样快；在程序结构和硬件中采用并行操作以得到极高的运算速度；开发可以有效使用自然语言和图像的人机接口。渊一博在第五代计算机会议上的发言中，用了"知识信息处理"这个术语，并把它解释为"知识工程的扩充方式"。他又说："这个思想被认为是 90 年代的信息处理方式。"

到目前为止，所有由知识工程师们建立起来的专家系统都由三大部分构成。第一是"管理"解题和理解问题所需要的知识库子系统；第二是解题和推理子系统，它能找出与解题有关的知识，用这些知识一步一步地构成解题推理路线，作出似乎可能的解释或最佳的假设；第三是以用户感到最"自然"、最方便的方式和语言作为人机对话的方法，其中普通的人类自然语言往往最受欢迎，此外还要考虑某些特殊用户的需要，某些领域（如化学）需要有特殊记号。知识库管理，解题和推理，以及人机对话，它们都可以用目前的专家系统通过软件革新加以解决。这种革新是传统的冯·诺伊曼硬件结构无法适应的。第五代计算机方案围绕这三个子系统组织它的工作，但还要增加一个重要的内容：对每个子系统而言，都有一个硬件层次和一个软件层次，在这两个层次之间，设计人员必须确定一种硬件和软件可相互通信的

"语言"。

在知识库中的知识必须首先用符号形式来表示，并存入存储器中，以便解题和推理子系统能有效地使用这些知识。这种表示可以采取多种形式，最常用的形式之一是"目标"。它是描述一件事情的一组属性。在存储器中，一个目标通常用符号访问（符号链）与另一些目标相联，一种典型的相联网络是称为"分层结构"的分类法。例如，"麻雀是一种鸟"，在这一情形中，麻雀和鸟两者都是知识库中的目标。如果知识库被告知，"麻雀是一种会飞的动物"，则知识库管理系统必须自动作出一个简单的推理，即麻雀会飞。它还必须能处理一些例外的情形，例如，鸵鸟、企鹅、鹬鸵等几种鸟不会飞，它还必须能区分渡渡鸟既不会飞又已绝种，但作为一种鸟，在该分类知识库中还应有它的一席之地。

另一种普通而有用的表示形式是"规则"，一条规则由两部分组成：称为"假如"部分的语句集合和称为"那么"部分的结论或动作。例如："假如雾层低于七百英尺，官方的天气预报声称，雾在一小时之内不会消去，那么飞机降落是危险的，这将违反空中交通规则，故建议转到邻近机场降落。"为了找出一条规则是否与下一个推理任务有关，解题程序必须检索知识库中存储的所有"假如"。在日本人打算实现的知识库中，这种检索可能非常繁复。还有，人们要把知识库管理子系统，设计得使存储器的组织方式能减少所需处理的信息总数。在系统的软件和硬件两个层次中的并行处理能力将会加快相关检索的速度。

在第五代计算机方案中，知识将以电子的方式存储在称为"相关数据库"的大文件中。知识在文件中的自动更新，以及对相关知识组织适当检索的工作，将由知识库管理软件执行。在硬件文件和软件文件管理程序之间的相互通信，将由称为"相关代数"的逻辑语言来处理。

第五代计算机系统

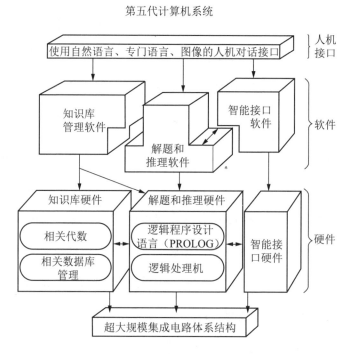

第五代计算机样机的知识库子系统，将处理一个中等规模知识库。这种知识库拥有几千条规则和几千个目标，所以能完全满足目前专家系统的需要。每个目标都将分配到一千个文件的存储空间，这样，除了存储"麻雀是会飞的鸟"这个知识以外，存储器还能存储有关

麻雀的大小、重量、颜色、食物、分布区、栖息地、繁殖方式及移栖路线
等知识,使人们对这种动物的属性能有全面的了解。如果某特定目标
的知识超过了它的存储能力,那么初始目标将要被进一步划分(如分
为小麻雀、唱歌麻雀、篱雀等等),而且每一个都作为单独的目标,分配
到一千个知识文件的存储空间。

在日本人的十年方案中,其目标是在他们的系统中开发大容量的
知识库,它能处理数万个推理规则和一亿个目标! 如此多的知识能包
括些什么呢? 据美国一家对计算机知识库容纳大量知识可能性感兴
趣的公司估计,这样的一个存储文件能储存整部《大英百科全书》。

通过知识信息处理系统,知识可作为推理的基础,但它本身还不
足以发现并使用推理路线。建立推理路线,以便解决问题或使咨询建
议机构公式化地适当推理,是推理过程以及解题策略的任务。推理过
程可以是一般常识的性质,用这种一般的性质把相关知识简单地联在
一起。三段论法(如果 X 蕴含 Y,而 Y 蕴含 Z,那么 X 就蕴含 Z)是这
种推理过程的例子。推理过程已由逻辑学家和数学家研究了好几个
世纪,人们现在已熟悉了推理的许多不同过程。人工智能仅例行地使
用了逻辑学家的很少几套工具,其中的某些方法允许根据不确定的知
识作"不精确"的推论。人工智能的一种最受人喜欢的方法是分解法,
该方法由艾伦·罗宾逊(Allan Robinson)在 60 年代系统地提出,它是
在数学逻辑的基础上创立起来的。分解法非常精细,不靠直觉,特别
适用于计算机处理。

推理过程是某些解题策略的工具。例如，某类解题策略或许是有目的的倒测法。该方法我们在前面说明拟定从旧金山驱车到纽约的计划时已叙述过了。根据理想的最终结果，从目的地开始往后排出沿途每一段路程所需要的时间，以便保证我们按时到达纽约，沿途看一些朋友，每晚都有睡觉的地方等等。

第五代计算机规划预想，把用于逻辑推理的计算机硬件，设计得相当于前几代计算机中处理算术运算的能力。目前，我们谈及计算机的能力是以每秒几百万次算术运算来表示的。日本设计者希望他们的机器每秒处理几百万次逻辑推理（LIPS），每个逻辑推理等于三段推理中的一步，或者说是"如果/那么"推理时序中的一步。

所有科学家和工程师必须把他们未来的赌注押在现在所知道的东西上。日本人正把赌注押在分解法上，他们把它作为最佳推理方法，并作为逻辑处理硬件的目标。这种方法在欧洲深受赞赏。一种称为 PROLOG，即"逻辑程序设计"的计算机程序设计语言（该语言由法国发明，由英国完善）有点近似这种方法。日本人已选择 PROLOG 语言作为逻辑处理硬件和软件之间相互通信的语言，以解决各种不同的解题策略。换言之，PROLOG 语言是逻辑处理机的机器语言。

第五代计算机计划的第一个里程碑，是能执行一百万次 LIPS 的单用户 PROLOG 工作站。它既要作为最初开发的样机，又要作为1985 年可在市场上推出的中间产品。这种样机对在目前的普通主机（如 DEC-2060）上执行 PROLOG 的软件，将使其性能指标提高一个数量级。然而,该子系统的最终目标则是野心勃勃的。它的目标是能执行一亿次到十亿次 LIPS 的超级推理计算机。如此难以置信的速度,只有在计算机硬件中卓有成效地使用大量的并行处理才能实现,这将是对目前使用的冯·诺伊曼体系结构的重大突破。

大多数知识处理系统都打算用来作为人类得力的助手,而从未想到要成为独立自主的人类的代理人。因此,在第五代计算机中,人机对话子系统是一项必要的设计。日本人打算使这种人机对话尽可能自然地满足用户。这意味着第五代计算机具有自然语言理解(直接跟机器说话)能力和图像理解(机器识图)能力。

要识别这些遍及人类知识范畴的对象和各种图像,是人工智能长期研究目标中最困难的事。但是,如果对词汇量和题材范围加以约束,则该子系统可望得到实现,虽然非常困难,但问题还是可以解决的。日本人已经意识到了这一点。首先,有效处理表示语言和图像的电信号,需要有判定它们最基本特征的专门硬件,但这还不够,还必须开发能理解语言和图像意义的软件。这种软件能有效使用知识库,以产生一个正确的前后关系(如果你知道了题材的某些内容,那就很容易理解所见所闻)。

这就是日本第五代计算机的实质:硬件和软件适用于知识库、解题和推理及人机对话三个子系统中的每一个子系统。这里没有必要去仔细研究所设计的软件性质;也没有必要去深入了解,为了接近技术目标,必须组织实验的错综复杂的战术策略。这种讨论是计算机专家的基本课题。

要实现眼光远大的工程目标,通常都需要投入大量的时间和金钱。日本人已习惯于在重大技术规划中,在这两个方面给予大量投资。第五代计算机规划长达十年,头三年的目标是攀登众所周知的"学习曲线":建立研究小组和实验室,学习目前技术水平,形成在以后工作中所需要的概念,以及为以后两个阶段建立硬件和软件工具。其中的工具之一就是"单用户有序 PROLOG 工作站"。工作站本身既是未来机器的样机,又是它的解题软件。早期专家系统样机的应用将用手写。将在医疗诊断、设备故障诊断及修复、供集成电路设计人员使用的智能计算机辅助设计、机械设备用的智能 CAD 以及智能软件生产工具等各个领域内选出三个专家系统。

第二个阶段为期四年,在这期间要进行工程实验、试制样机,在重要应用方面继续做实验,以及在系统综合(使各子系统顺利地组织在一起工作)方面做些初步的实验。在这四年中,要对并行处理这个重大问题有所突破。

最后阶段为期三年,这三年主要用于高级工程、建立较大的最终工程样机,以及未来系统的综合工作。在这个阶段,用于超大规模集成电路(VLSI)CAD 方面的早期成果将用来帮助硬件设计;与此同时,还打算要做一些困难场合下应用的实验。对一项好的工程的要求是当系统在艰难时世的暗礁上粉碎后,应学会如何将它修复,以保证其健全可靠。总之在最后阶段,要把研究开发成果的精华提取出来,成为一套由参加公司销售出去的商品规范。

五、 第五代计算机的其他技术

由于第五代计算机涉及范围极广,因此要求支持知识信息处理系统(KIPS)实现主体目标的其他技术也应有明显的改进。例如,对企业的未来极为重要的超高速处理机,其处理能力要比现在的机器提高几个数量级。

人工智能在第一代计算机中首次出现,随后又进一步用于第二代、第三代计算机,但至今尚未用于第四代超级计算机。

某些计算机科学家争辩说:完全没有必要用于超级计算机,因为人工智能方案是设计来为非冯·诺伊曼计算机所用的,它说明了在计算机结构(计算机实体本身)和计算机概念(使用计算机的方法)之间有差距。然而,如果试图设计一个既适用于冯·诺伊曼机器的方案,而又以非冯·诺伊曼方式使用,这看来是不现实的,而且最终将使日本人受到限制。这就是为什么日本第五代计算机体系结构方案要放弃冯·诺伊曼结构的原因。

日本人为芯片集成度所制定的目标是每片含有一千万个晶体管,而目前市场上的产品最多只有数十万个晶体管。这种处理器现正由通产省的另一项称为"超高速计算机"的规划在开发,他们打算把它用到第五代计算机上。此外,第五代计算机还取决于能在许多场合利用知识库,所以,它的技术最终将和日本人所能设计的最先进的通信技术融合在一起。

整个智能接口领域(计算机将必须具有听、看、理解、回答用户的能力)需要在自然语言处理、语言理解、图表和图像理解等方面进行广泛的研究和开发。实际上,这些人工智能研究的内容早在二十五年以前就已开始了,而目前都已取得了相当的进展。但每个领域的技术水平跟日本人的意向相比较,还有很大差距。

由于大部分用户不是计算机专家,因此,自然语言处理是第五代计算机最重要的研究目标之一。这方面的研究包括:声波分析、语音和句法分析、语义分析及实用分析,通过从给出的句子中抽出主题或中心、发现中心转移等进行理解。在语言输出方面,还要研究句子生成。虽然,日本人知道大规模文本分析所用的自然语言处理技术跟完美地解决单个用户与计算机说话所需要的技术有所不同,但他们还是把文本分析视作为自然语言处理的一部分。

"近年来,日本正如其他地方一样,随着文字处理技术的迅速进展,毫无疑问地将使计算机处理的文本资料和文件量也随之增加,并会达到难以对付的地步。"一群日本科学家在第五代计算机会议上报告说,"迟早,当抽取有用信息的问题变得尖锐时,为了用相当的速度来处理数量如此巨大的文件,我们不得不回过头来求助于计算机的功能,而我们在智能人机接口方面的研究将有助于这个问题的解决。"目前人工智能的研究认为这是能够做到的。例如,美国在一台样机系统上,已成功地把智能自动分析用于电信新闻业务,但日本人计划的大规模自动分析系统将使任何现有系统都黯然失色。

自然语言处理还将用于开发雄心勃勃的机器翻译计划:首先是英语和日语之间的互译,词汇量要达到十万个单词,正确性要达到90%,余下来的10%由人工处理。翻译系统是整个系统的一部分,而这个翻译系统将参与从文本编辑到译文印刷的整个过程中的每一步骤。

所有上述自然语言处理的研究将分三个阶段进行。开始是搞个实验系统,然后是把推理和知识库机器联在一起,搞个小规模样机,最后推出样机。到那时,预期机器能理解数百人的连续自然语言,词汇量达五万个单词,正确性达到95%;还预期语言理解系统能管理声控打印机,并用日语或英语合成语言与用户进行对话。由日本首先设计出来的"问题回答系统"将赋予机器智能回答用户问题的能力,以便处理计算机领域中的询问,但还期望在其他许多专业领域中也能搞出这类"问题回答系统"的样机,除了要求其词汇量达五千个单词以上外,还要有一万条以上的推理规则。

图片和图像处理几乎跟语言处理同样重要,特别是当它们用于计算机辅助设计(CAD)和计算机辅助生产(CAM)方面,以及用于空中和卫星图像、医疗图像和其他类似图像的有效分析时更为重要。在这方面的研究也分三个阶段。开始是实验阶段,它将着手处理如"特征抽取部件"(例如,辨别出目标界限)硬件结构、显示发生器,以及图像数据库等课题；第二阶段将研制出一台模型样机；第三阶段是把样机综合起来，并把它们连接到第五代计算机系统上，同时还要研究各种不同的应用。一项明显的应用是在机器人领域，其目标是要造出能看、能理解、能在新的环境中工作的机器人。然而，大部分机器人的研究开发要在有关机器人的国家规划中去做。最终预期图像理解系统能存储约十万幅图像。如同声音识别一样，日本人在图像处理方面指望进行超级研究和开发，而实际上他们自己早在 70 年代就在图像信息处理系统(PIPS)国家规划中着手这种研究开发了。

总之，日本人已积累了在人工智能方面近四分之一个世纪的研究成果。他们断言，人工智能的许多领域已趋成熟，可进行系统的、有条理的、而最终是惊人的开发。他们自信人工智能是能够实现的，而他们正是使之实现的人。

六、　不足之处

第五代计算机规划的方案极为大胆，甚至有人说它是胆大妄为的。这些方案在科学技术上还仅处于目前所知的计算机科学的最外边缘，而其中有些可能还是非常遥远的。该方案风险极大，它包含几项"有计划、按进度的突破"。从人工智能到并行处理；从分布功能到VLSI 设计和制造，每个方面的工作都面临着科学和工程的重大挑战。

规划要求早日获得成功，以保持它的势头和经费来源，但这方面可能还有问题。反之，如果达到或超过了头三年的目标，则会将日本人大大地推到时间表的前列，而且毫无疑问他们将从参加这项计划的公司那里得到越来越多的支持。

日本政府和工业界两方面的管理人员是该规划成败的关键人物。日本的管理人员虽然具有武士道精神，但一般说来，他们比较保守，也并不喜欢冒险。更何况他们正面对着一项野心勃勃、风险极大的规划，而他们还远未掌握实现该规划所需的技术。再说，每个地方的管理人员几乎都差不多，在他们取得了相当高的职位后，就往往与技术上的创新越来越疏远。虽然这并不是他们自己的什么过错，但情况基本如此。

在传统上，日本管理人员因成功而得到的奖励要远远少于因失败而受到的惩罚，他们坚信日本的一句古老谚语："出头钉子遭捶打。"但是，失败就存在于冒险之中，既然要冒险，就有失败的可能。日本人必须承认这一点。把传统做法颠倒过来，要鼓励冒险，即使由此遭到失败也要给予奖励。

第五代计算机必须实现的大多数突破，主要在于软件概念方面的创新（不管是实现软件的突破还是芯片的突破）。探讨知识信息处理系统的主要思想，如关于计算机存储器中产生、维护和修改大而复杂的符号数据结构的思想，以及关于发现符号推理路线的思想，也都来自软件领域而不是硬件领域。这些思想处于两种情况：软件科学家和工程师是趣味相投；而大多数硬件工程师却感到迷惑不解。一个迅速解决的方法是：在称为"固件"的中间领域开展工作（计算过程的基础是硬件的开关功能，而固件则是这种功能的错综复杂而又详细的"程序设计"）。然而，由于解释和执行"固件程序"既费时间，又降低机器速度，所以它并不是一种称心如意的最终解决办法。日本的计算机专家和管理人员从来没有对软件放心过，软件对他们来说简直是不可捉摸的东西。而且众所周知，软件产品也很难"按时间表和预算"严格控制。

日本人缺乏知识工程和专家系统方面的经验，而这正是在开始解决他们规划的具体问题时所需要汲取的。ICOT 和各公司研究所必须迅速采取行动，不仅要制定三项已公布的计划，还应该拟定十个以上的典型系统，以使他们自己取得更多必要的经验。

日本还缺乏大批训练有素的计算机科学家（美国也缺，但是没有日本那么严重），他们在计算机科学方面的大学训练程度一般只有中等水平，最好的也只能算"尚可"，有些则很差。博士学位候选人仅数以十计，而且也没有什么人尊重他们的地位。因为日本的大多数研究生都是在大公司中就地培养，只有少数幸运儿才能去美国大学深造。问题在于日本大学这一级的教育主要培养的是通才，当然，在人才培养方面，我们也要检查自己做得正确与否。

最后，从人工智能科学家的观点来看，所有的怀疑和批评都已聚焦于该方案的两大要素：给高速逻辑处理机以优先权（我们真的需要几百万次 LIPS 吗？），以及选择 PROLOG 作为逻辑处理机的机器语言。

从美国的知识工程实践来看，几乎没有几项得到成功的应用，这主要是受到推理速度的限制。更确切地说，其性能受到以下三个因素的限制：机器得到的知识的数量太少、质量不够精确；能够管理和更新知识的难易度；检索和存取知识的速度。因此，日本方案中初期的重点竟放在推理子系统而不是放在知识库子系统上，这实在令人费解。

PROLOG 语言有特色也有瑕疵。它的第一个特色是称为"一阶谓词演算"的逻辑演算。它对知识的表示有某些精致的和通用的特征；它的瑕疵是这种表示知识的方法往往不够透彻，深奥而难以理解。PROLOG 第二个特色是通过用快速计算法（可比并行操作快）证明一阶谓词演算的理论来解题，这样，用户永远不必干预解题过程的细节。但 PROLOG 的贬低者却把这看作是一个严重的缺陷。人工智能的主要成就在于对某些方法能运用自如，使知识能用于控制解决复杂问题的检索过程。知识工程师想做的最后一件事情，是把控制让给"自动"理论证明过程，该过程进行大规模的检索，而无需按知识库中的知识一步一步地加以控制。

这种不受控制的检索方式可大大节省时间。而并行操作仅是一种姑息手段，或是一种权宜之计。因为随着问题复杂性的增加，检索的耗时将按指数增加，即使把数千台并行处理机联在一起，其速度也跟不上这种按指数增长的需要。

七、 正确之处

在科学和技术中，创造性活动的最重要部分，往往在于问题提得是否正确，长期赌注下得是否得当。这种活动或许仅耗用一小部分时间和资金，但对工作的最后成败却关系重大。剩下的事就是大量的艰苦工作，把灵感妙想变为现实。

目前，人工智能的工业化已达到取得较大进展的程度。日本人正抓住这个良机，朝气蓬勃地走在前头。由于他们制定了详尽完善的规划，日本人正处于领先地位。他们在 1981 年 10 月拟定的第五代计算机方案是一种战略，而不是一套战术。它恰如其分地制定了长达十年之久的奋斗目标，这不是也不可能是一本"如何做的手册"。它的成就在于把注意力集中在这些严格构成的正确论点上，这对一项复杂而艰巨的规划来说极为重要。因为如果没有方案，就很容易浪费资源和时间，并在原地打转。

把硬件、软件和知识系统应用于创造知识工业是一笔极大的赌注。实际上，这是目前在信息处理工业中尚在观望，但准备用较大的劲头开拓的少数几项重大赌注之一。当然，传统的数值计算和数据处理会继续发展和繁荣。但我们将会看到，它们只可能作稳定的增长，而不会有爆炸性的增长；只有在符号运算和用计算机作基于知识的推理方面,才会有指数性的增长。

通产省的经济观点是正确的。对于像日本这样一个贸易岛国,只有靠进出口顺差创造财富。在知识工业中,出口值会因其天生固有的资源(人民的智慧、教育程度和熟练技能)而增加,进口值将减少到最低限度(计算机不是材料密集的产品)。此外,KIPS 还将有效提高其他许多工业的生产率,从而间接地增加附加值。

ICOT 的创造似乎是令人鼓舞的,它集中人才共同努力合作,并在 ICOT 以及相应的公司研究所之间,对技术转移进行很好的协调。

通产省对培养日本计算机科学家的创新才能给予很大关心,并作了很好的安排。在 1982 年 5 月所作的第五代计算机方案的"战术"补充书中,ICOT(毫无疑问是代表通产省说话)对未来表示忧虑:"在日本,到目前为止的研究开发目标还是着眼赶上美国和欧洲先进国家的技术。然而,随着日本技术水平的提高,美国和欧洲先进国家对提供先导技术越来越谨慎小心。我们担心这种老的'赶上'式研究开发将越来越困难。"这种看法无疑是正确的,贸易战正在进行,科技封锁是不可避免的。

日本的十年规划是卓有远见的。在信息处理工业中,十年是一段很长的时间,几乎是我们无法预测的一段距离。现在信息工业中的大多数人,在十年前甚至还没有进入这个领域。十年前,专家系统仅搞出两台样机,极其昂贵的计算机主机必须由许多用户共同使用;个人计算机(体积很小、价格便宜,故可家用;功能甚强,故可多用)的概念简直有点像科学幻想；袖珍计算器要几百美元；电视游戏机仅是实验室中的早期玩具；日本人还没有生产出能够在商业上站得住脚的第一片微电子芯片。虽然我们都经历了这个十年，但我们还往往会低估技术发展的速度。

第五代计算机是一项十分艰巨的计划，因此需要有许多创新，但这是何种创新呢？实际上，工程上的创新要多于科学上的创新。虽然要解决由规划提出的技术问题可能非常困难，但却有许多谋求解决的途径。日本有很多卓越的工程人才，也有不少出众的计算机科学家，把这些人才组合在一起，将能（当然并不保证）使日本有取得成功的极好机会。

以色列魏茨曼科学院应用数学系的艾哈特·夏皮罗（Ehud Y. Shapiro，PROLOG 语言的世界权威）是第一个应邀到 ICOT 进行工作访问的外国研究人员。他在那儿花了四周时间跟 ICOT 研究人员交换科学情报。他在 1983 年 1 月提出报告说："相信科学进步和革命是无法预测的人，会感到'有计划的革命规划'在用词上几乎是矛盾的。但有时候思想观念必须给现实让步。日本人的规划既制定得很出色，又富有革命精神。逻辑程序设计的概念并不是日本人发明的，但可以肯定在这方面他们现在是第一流的，或许他们是目前既能抓住这一方法的巨大潜力，又能聚集大量资源，并加以大规模利用的唯一的国家。

"如何响应第五代计算机规划，世界各国都在思考和尝试，但依我所见,日本人已赢得了这场竞争。规划的最后成功与否并不仅仅取决于投入多少钱和多少人,也不仅仅取决于这些人才个人如何突出;规划的最后成功主要在于领导人的眼光一致,他们对规划的真正热情,以及他们所选择的有前途的研究道路。

"对这规划的任何响应,也许就是投入相当的金钱或其他资源,但还会由于缺乏与第五代计算机紧密相联系的共同信念和献身精神而失败。英国的响应就是这样一例。英国人说:'让我们继续做正在做的工作,但要投入更多的钱。'金钱可以加快研究进程,但金钱本身不会产生新一代计算机。"[1]

八、 现实如何

第五代计算机规划确实非常艰巨,因为它要对信息处理科学和技术的每个方面都提出挑战。但我们在前面已说过:十年是一段很长的时间! 在计算机这个"永远是以少换多"的神奇世界中,每两三年"多"会加倍,"少"会减半,十年实际上就意味着"永远"。

日本人毫无疑问会取得部分成功。第五代计算机规划的管理人

---

[1] Ehud Y. Shapiro, "Japan's Fifth Generation Computers Project—a Trip Report," Department of Applied Mathematics, Weizmann Institute of Science, Rehovot 76100, Israel, January 11, 1983.

员说过，规划目标即使只实现了百分之十，也绝不会动摇他们的信心；其他人评论说，不应该把规划在十年中要达到的水平看得太认真，该规划的目标是如此重要，哪怕再延长五年、甚至十年也不能说不合理。

第五代计算机的目标只要是部分地实现，就会有很大效用，也会带来很大的经济效益。至少，部分成功能使日本人抢先占领这个领域，而使其他人感到急起直追、加入竞争是不值得的。可能有这样的情况：最初 20％的技术成就会获取成为现实的 80％的经济赢利。假如这话是正确的，美国工业界中的公司会发现，他们进入这个竞技场永远不会有经济利益，起步稍晚很可能就会失去竞争力。请考虑这个事实：虽然录像技术是美国发明的，但面向用户的盒式录像机的研究开发过程，一般需要花费的时间较长、资金较大，"干"就能全部占领市场，否则就失去所有的市场。在这场竞争中，美国工业以"零"告终。即使贴着像 RCA 和 Sears 商标的美国家用盒式录像机，也都是日本制造的。

不管会取得多少成功，第五代计算机将为日本新的一代计算机科学家提供长达十年之久的学习经验。他们将被邀请去解决信息处理的未来所面临的大多数最富有挑战性的问题，而不是重新设计传统系统。后一方式即使不能说使日本在高技术市场上处于领先地位，至少也为他们争得了一席之地。我们在前面说过，由于基本的思想就是软件概念，他们将会熟悉和学习高级软件概念，他们采用的方式不仅在日本是前所未有的，即使在美国和欧洲也很少见。

　　第五代计算机在它短短的生命中,已使日本工业所需的技术转移途径安置就绪,从而将有效地推动开发成果进入商品市场。实际上,现在美国在第五代计算机规划的所有领域都还大大领先于日本。但是,《财富》杂志在一篇关于第五代计算机规划的文章中断言:"即使美国在人工智能的研究中保持领先地位,也不能保证实验室的成果最终一定会成为产品,除非各公司察觉到了竞争的威胁。在一般情况下,计算机研究成果要渗入美国市场都较慢。日本的情况就不一样,假定ICOT只能实现它预期目标的一小部分,其成果也会很快地出现在日本的计算机产品中。所以,如果美国还不认真对待第五代计算机的话,那么,将会导致它的计算机工业在策略上的失败。"①

　　再重复一遍:现实的情况是美国目前在信息处理技术这个领域中大大领先(而英国则仅在有限程度上领先),如果日本没有很好的规划、组织和集中资金来努力追赶的话,那么这种领先或许还能保持十年。但是日本正在采取行动,美国实际上的领先可能只有三年了。当然,如果按硅谷和128号公路的正常标准看,这仍然是很大的领先,因为在硅谷,六个月的领先就会带来竞争的优势,而十二个月的领先则是极为珍贵的了。但是,如果企业界仍然掉以轻心的话,我们的研究开发计划仍然局限在短期范围,继续热衷于自相残杀的竞争,在专利权上持偏执的态度,以及全国性的规划仍然是无影无踪的话,那么,我

① Bro Uttal, "Here Comes Computer Inc.," *Fortune*, October 4, 1982.

们现有的优势必将一天天地丧失。对于经济计划者或信息处理工业的高级官员来说，现实情况足以向他发出警报：必须采取果断行动。

九、 日本人与专家系统

费吉鲍姆在第五代计算机会议的大会上提出警告说，日本人是在几乎完全没有经验、技术的基础上，部署了研制一个重要的计算机系统的计划。这个警告最后并没有得到完满的答复，渊一博很有礼貌地反驳说，就他个人的看法，该领域中的某些技术已日趋成熟，他还提请人们注意，不管怎么说，日本人是优秀的学习者。

1982 年 5 月，费吉鲍姆收到 ICOT 对第五代计算机会议的会议录提出的第一份"战术"补充书，他马上注意到 ICOT 已从各种不同范围的问题中，选取和开发三种专家系统，并把这些定为该规划的中期目标。

这并没有使费吉鲍姆感到意外。因为他知道在这短短的几年中，日本的人工智能研究人员已经成熟了，他们既沉着冷静、充满自信，又能对外界对实质问题提出的批评作出迅速且卓有见识的分析和反响。在 70 年代末期，有些日本人在访问费吉鲍姆的斯坦福实验室时，曾流露出（或许是假装的？）对自己工作的自卑感，他们以虔诚真挚的态度，请费吉鲍姆对他们的工作提出批评建议。事实上，他们不仅没有必要表示这种谦卑,而且情况恰恰相反,他们的工作干得非常出色并富有创造性。

尤其是在问题的选择方面,他们几乎是在一夜之间就从零变得极有鉴赏力。问题的选择(打算在哪个领域中建立专家系统)是一种艺术。选择问题必须符合知识工程的目前科技水平。如果恰恰符合,那当然很好;如果稍稍超出现有手段,则会促进目前的科技水平;但是,如果远远超出其他人当前的研究水平,则除了浪费时间和心血以外,什么也不会得到。

几年前,有几位日立公司的工程师来拜访费吉鲍姆。他们带着一份可供选择的专家系统清单,清单上有三十五个项目,而每个项目都解释得含糊不清。但所有来访者都希望他能予以指点,哪一项有可能成功,哪一项不大可能成功(即作出某些"较热门-较冷门"的判断)。一年后,这几位工程师再次来访,这一次清单上的项目已减少到六项,而且对其问题都作了很好的分析。特别使他感兴趣的一个项目是集成电路(IC)装配线的调试。这个项目与作为专家系统处理的其他选择项目稍有不同,它的论点是要复制人的专门知识。在 IC 装配线项目中,没有一位专家拥有(或者能够拥有)使这个复杂的工业生产过程实现高产所必须具备的所有专门知识。他们为此提出要把许多专家的专门知识综合汇集起来。有传闻说惠普公司正在研究与此类似的专家系统。但日本人最先确定把该问题作为一项很好的研究课题,这就充分表明他们在知识工程方面的造诣越来越深。

日立公司在进行另一项规划，它的内容涉及如何管理大型项目的问题。这项规划也建议：一要有丰富的想象力，二要增强信心。这种项目往往风险很大，具有概率因素的计划评审图也帮不了什么忙，因为绝大多数项目管理人对于风险仅有定性了解而不是定量了解。因此，他们也只提得出定性报告，而提不出定量报告。但是，假如使用符号推理而不是使用公式，则专家系统能提供类似定量报告的知识，这对风险项目的管理会有很大帮助。

1982 年仲夏，即在第五代计算机会议之后，我们到日本进行一次访问，看到日本人正在热情地从事专家系统的研究工作。除了由 ICOT 正式主办的研究以外，在富士通、日立、日本电气公司、日本电话和电报公司及电子技术综合研究所等单位，每个单位都有十至十五名知识工程师在从事专家系统和人工智能研究工作。上述单位都在大东京地区，至于日本各地还在进行其他方面的努力。

日本的大多数专家系统跟美国的相类似，但他们还选择了用于另外两个领域的专家系统，这两个领域到目前为止还是独一无二的。第一个领域是"危机处理"这个富有创造性的领域，危机处理工作可以说到处都存在。伦塞勒综合研究所（Rensselaer Polytechnic Institute）也用计算机进行危机处理方面的研究，但它所依赖的是管理信息系统，而不是专家系统。①

----

① *Business Week*，August 30，1982，p.59.

首先是核动力反应堆危机。如果突然发生了一起类似三里岛的事件，那就根本不可能有时间对核电站进行数学模拟，当时唯一需要做的就是迅速运用事先仔细制定好的"良好的判断艺术"，这就是专家系统的特点。

其次，跟上面相类似的是，日本一家公司正在研究用于处理电网危机的专家系统。如果某个环节发生了问题，完成电网数学模拟需要几分钟的时间，然后才能采取相应的补救措施，但熟练的电网管理人员却只用几秒钟而不是几分钟来保护电网。据这家日本公司估计，它能向全世界销售一万套这样的专家系统，因为这方面的专家实在严重不足。把仔细挑选并精炼过的人类专门知识装订在计算机程序中，它就知道如何处理危机；它的专门知识能随设备和环境变化而很容易地得到改善和更新；在处理危机中也不会厌倦或分心；这在目前的高技术世界上，对许多有待于解决的危机情况来说，确实是非常理想的解决方式。

几年前，日本通产省在另一个领域主办的研究项目，也会以潜在的应用方式为第五代计算机规划的人机接口子系统带来潜在的效益。该开发图形信息处理系统（PIPS）的方案，能处理和判读可见信号信息，这是一项极为艰巨的挑战。因为所有问题都跟自然语言处理有关，其中包括上下文的理解，还有色调深浅、明暗程度、边缘角度等特殊问题。PIPS从未开发成商品，因此，大多数西方计算机科学家认为，它是一次技术上的失败。但事实上它并没有失败，费吉鲍姆曾见过某些新的 PIPS 样机。例如，一个用于动作跟踪的 PIPS，这是计算机影像中的难题。这套 PIPS 可监视人们在东京地铁走道走动的电视图像，并实时跟踪他们所走的路线。它肯定和世界上正在进行的其他图形处理工作相当。PIPS 从市场销售角度说是一个失败，但这并不是技术上的失败（按通产省的标准，这是策略上的失败。虽然它教会了日本人许多图像处理的事情，但在项目中却很晚才做出硬件来。有些日本人认为，这也是渊一博下决心尽快生产硬件样机的原因）。即使外人很少知道，但日本科学家却明白他们在 PIPS 方面已取得了成功，而 PIPS 将在第五代计算机中扮演核心的角色，起重要的作用。正如我们前面所说的，第五代计算机将能接受图像、声音和文字输入。

人们不禁为日本人的勤奋所深深打动，他们全靠勤奋工作，使自己从"无一席之地"到"占几席之地"，而且还往往处于世界的领先地位。他们在专家系统研究中突飞猛进，只是他们在计算机领域中的许多例子之一，其他领域就更不用提了。麦考黛克注意到，她在东京见到的人，不仅都在努力搞科学研究工作，而且几乎所有的人，在一切可利用的时间和场合，还都在努力学习和掌握英语。一名年轻的第五代计算机研究人员透露说，他每天上下班时间都利用"随身听"（Walkman），用磁带来校正他的英语发音。在开往东京站的十分拥挤的火车上，这种情况是司空见惯的。

日本的奇迹使麦考黛克想起了被唐纳德·基恩（Donald Keene）发现的古怪而又能说明问题的一件事实：在 19 世纪首批被译成日文

的英语书中，有一本很快就成了畅销书，它的书名就叫《自助》。

十、　兼容性问题

　　费吉鲍姆和麦考黛克到达东京时，正巧碰上日本最有声望的两家公司（日立和松下）的多名高级职员因阴谋窃取 IBM 公司同行的机密而受到起诉。这条新闻使日本人感到大为震惊，也感到深受侮辱。在电视上看到这些高级职员被戴上手铐的场面时所受到的最初震惊现已消失，日本正经历着深刻的情绪反应。

　　例如，一家日本报纸的编辑收到了一封充满悲哀的读者来信（这家报纸曾详细报道过这起计算机犯罪事件）。这名读者谴责三井公司在美国倾销钢铁的罪行，然后断言道，日本现在已"为全世界所痛恨"。他还说："但愿我仍然生活在一个虽然贫困但却是诚实的国家里。"

　　在日本人中间有一种固执的看法，他们认为这种事情既寻常又不寻常。"人人都在那样干"，所以它很寻常；只是日本人太天真了，结果中了别人的圈套。不寻常的是他们被人抓到，这主要是因为美国政府已决定把这件事情作为借口，以迫使日本在跟美国商务部进行的贸易谈判中屈服。还有人认为，这是美国对一年前加利福尼亚的大批水果受地中海果蝇侵袭成灾时日本立即停止进口的报复。

　　日立公司一名持"普通而天真"观点的高级职员对费吉鲍姆说，问题只是日立公司没有足够的律师去指导他们如何干。但偷窃终究是偷窃，费吉鲍姆恰如其分地评论道。

有一种来自对立阵营的稀奇古怪的分析，他们认为罗纳德·里根总统跟 IBM 串通一气，以便给为经济情况感到苦恼的美国人提出一个振奋人心的新口号："牢记硅谷"（过去的口号是"牢记珍珠港"），从而群起抵制 Walkman、电子数字表及丰田汽车，最后使人们把钱投到国内产品上去，由此使美国经济起死回生。

对于第五代计算机的看法，日本发行量最大的报纸《朝日新闻》的一名记者认为，那件计算机丑闻已在日本引起信心危机。他问道：如果日本人必须靠从美国窃取机密才能保持竞争，那我们又如何能从事像第五代计算机规划那样的雄心勃勃的项目呢？他不相信两者没有必然的联系。

日立公司的高级职员们还担心，他们最后生产出来的第五代计算机与 IBM 计算机不兼容。费吉鲍姆向他们再三保证说，在第五代计算机执行高度智能化工作时，传统的计算机将会继续用于数据处理，或者更确切地说，无论何时要处理大量的数据，新机器可以很简单地连到数据处理机上去。但这样的解释并没给他们多少安慰。

最后出现了一种建设性的态度。《日本时报》在一篇社论中指出：不管第五代计算机和 IBM 兼容与否，它毕竟是日本计算机工业中的唯一主角。现在难道不正是日本努力寻求其他途径的时候吗？

这个问题提得比较中肯贴切。有关 IBM 兼容性的许多争论一直在进行。IBM 兼用机的用户确信：IBM 昂贵的软件是耗费了数以千计的工时才开发出来的，它永远可以用下去。即使效率不太高，甚至使用不太方便，但它至少能用。IBM 兼容机去除了耗资大、风险大的重新编制程序软件的工作，也不必重搞过去遵照 IBM 方式记录的文件。因此，任何背离 IBM 标准的代价永远是很可怕的。事实上也很少有人敢在这个方面我行我素，走自己的道路。

但是，如果日本已对未来作出了正确的估价，那么，由于计算机机密丑闻而使某些日本人感到信心危机是毫无根据的。如果通产省打算在 90 年代在信息处理工业（从集成电路到最复杂的软件的所有技术领域）中达到世界领袖地位的话，那么，担心兼容性问题的将应该是IBM，而不应该是日本。

十一、 日本人为何要做这件事

我们在前面已详细叙述了某些技术上的理由，说明日本人为什么要制定他们的新一代计算机规划。我们也谈论过，知识工作者在有计算机化的专家系统帮助时所获得的好处。但是，日本人从事这项野心极大的规划，还有它重要的社会、智力和经济原因，而这些因素将会长期激励他们奋勇向前。

东京大学著名的元冈达教授在第五代计算机会议开幕式上发表

演说,他直截了当地提出了他的重要观点。元冈达说:"在 90 年代,当第五代计算机被广泛使用时,信息处理系统将在社会活动的所有领域(包括经济、工业、科学、文化、日常生活等等)中成为主要工具,并将要求它满足随环境变化而产生的新需求。"①

假如情况确实如此,或即使多少有点夸大,用"书写语言""印刷字母"或人类智能的其他放大器来取代"信息处理系统"也许是有益的。我们不仅要看它适应得多好,而且还要看它建议如何进行改变。早在人类发明用文字记载语言的方法以前,世界就有很大的差异;而当由于印刷机的发明使文字广为流传又很便宜时,世界再一次发生变化。智能机器可以使人类智力有"量的放大",它将给人类事务带来难以想象的"质的变化"。

但是,日本人已经试图在想象这样一个世界。他们已挑选出了一些特定的领域,在这些领域中使用第五代计算机将会有显著成效。

首先,第五代计算机将是低生产率产业赖以提高生产率的工具。计算机已在称为"第二产业"的机器制造业中产生重大影响;但其他产业,如商品销售业和公共服务业,却几乎没有多大变化(有些人或许还认为它们已经衰退)。在日本的白领阶层中存在着生产率过低的弊病,其他阶层情况也差不多。但日本人认为这主要是由于他们的语言不能方便地利用机械(如打字机)进行复制。日本人最早看到的书写

---

① *Proceedings*, p.12.

文字是中文,虽然他们的语言跟汉语没有丝毫的特殊关系,但是日本人还是采用了汉字书写方式,并一直沿用至今。无论如何,第五代计算机将在系统中提供自然日语处理,这种系统能进行如文件、图表和语言等非数值数据的处理。

第五代计算机系统将是管理人员的智能助手,它可在推理和自学过程中起顾问作用,还能连接全国的、甚至全世界的数据库和知识库,为作出重要决策提供必要的高级专门知识。

元冈达教授还引证了一个重要的经济卓识:日本是一个既缺乏土地又缺乏资源的国家,但"日本有富裕的劳动力,而且这些劳动力受过高等教育,勤奋、素质好,因此它必然要扬长避短,栽培出与食物、能源相匹敌的新资源。这种新资源就是信息,所以我们必须重视与信息有关的知识密集工业的开发,使之有可能随心所欲地处理信息和管理信息。"

在口头上也提到了第五代计算机与国际合作的问题,即通过开发翻译和解释系统能很好地促进国际交流,但是,元冈达教授后来又提出了管理整个规划的主题,这个主题远比上面重要。

"虽然到目前为止,我们在计算机技术方面主要还是跟在其他先进国家的后面,但现在已到了破除过时传统的时候了。我们应该集中力量,按照自己的构思,开发新的计算机技术,从促进国际合作的观点来看,也能使我们向世界提供新的技术。"这种合作要采取哪种形式或许还不明确,但有一点是毫无疑问的,即哪个国家提供这种技术,哪个国家就处于领先地位。

日本人推测，第五代计算机将有助于解决能源和资源问题。我们居住在一个资源有限的星球上，保存这些资源的方法有很多，其中之一是利用优质信息把能耗降到最低或使能源得到最佳利用，提高能源转换效率，开发新能源，通过计算机辅助设计和辅助生产来降低产品能耗，通过事故检测和自动修复来延长产品寿命，通过推广分散系统（在美国称之为"电子别墅"）来减少人的流动等等。

日本人展望，第五代计算机将会被用来妥善处理"老年化社会"所面临的问题。到 1990 年，日本将有 12％的人口超过六十五岁（美国目前已是这种情况）。在老年社会中，医疗和福利费用将要增加，而劳动力却相对减少。第五代计算机能改善用于保健管理的医疗信息处理系统的性能，提高保健管理的效率，帮助开发能使体弱者提高活动能力的系统，为老年人的终身教育提供计算机辅助教育系统，开发能使人们在家里工作的分布式处理系统。

第五代计算机可扩充人的能力。到目前为止，日本人认为，只要提高人的劳动效率就可提高生产率。而现在的智力劳动则跟体力劳动不同，提高智力劳动的效率可使生产率成倍地增长。

决策支持系统将提供高级信息，它可提高决策效率，降低作出决策所需要的时间和费用。日本人习惯于集体作出决策，他们认为第五代计算机将作为协调商议过程的工具。他们展望由于知识工业的普遍发展，将使在政治、行政和工业中作出的判断更加可靠、更加一致、更加周密。决策支持系统不仅是企业和政府的得力工具,家用决策支持系统还能使普通人用来计划家庭财务、安排活动,并用推理的方法来"设计自己的生活方式"。

"有了这些成就,社会所有方面的活动都会受到影响,各种活动都将限制在安全范围以内,可能产生更进步、更高尚的行为,于是将出现一个更加平衡的社会。"对这种类似乌托邦感情的语调,我们需要考虑是否应该一味嘲笑。社会学家丹尼尔·贝尔这样解释:"在一百五十多年前的现代西方社会,就已掌握以前社会所否定的一个秘诀:利用和平的手段可以稳定增加财富和提高生活标准。"以前的社会都是利用战争、掠夺及其他使人痛苦的方式去追求财富,但西方社会发现了生产率,这是在劳动力或资本一定的情况下,获得更高比例产出的能力。简言之,每个人都能以少换多,虽然并非人人都可得到他想要的那么多。①生产率已使社会发生了革命,虽然工业生产率并非毫无代价,但它已使我们更加富有,它已给我们带来了非常巨大的利益;不管我们抱怨其代价是多么高,但并没有人愿意放弃它。就是没有那种财富的人,也都想分享一些。

但是,对"日本人为何要做这些事"这个问题,回答得最好的恐怕还是通产省的官员冈松宗三郎(Sozeburo Okamatsu)。他对一名美国记者说:"因为日本资源有限,所以我们需要靠技术领先来挣钱,以购

---

① Bell, *Post-Industrial Society*, p.274.

买食品、石油和煤。迄今为止，日本仍在追赶外国先进技术，但现在是到了我们率先进行第二次计算机革命的时候了。如果我们不这样做，那就会无法生存下去。"

十二、 日本神话之一——穿和服的模仿者

出于某些误解，西方人士往往用神话设想来看待日本民族。在美国计算机科学家、工程师和高级推销员中，有不少人听说过日本第五代计算机规划，但大多数人都对这个计划不以为然，并往往把它视为古老的神话。通常，他们总是认为，日本人就是没有像第五代计算机规划所需的那种创新能力。因为包括日本人自己在内的每个人都知道这头号神话：日本人可以是极好的模仿者，但他们没有能力从事富于创造性的工作。

由于带着许多老框框，所以就觉得这个神话非常真实，这就使得人们不再进一步去研究它，以发现更复杂的真实情况。在战后几十年中，日本人已取得了首先由其他国家开发的技术，对原来技术进行改进，然后把发明者赶出市场。最明显的例子就有照相机、手表、消费性电子产品等，这些情况肯定属实。但借鉴和改进是每个国家习以为常的老习惯，特别是欧洲国家和他们的前殖民地更为如此。我们交流技术、思想（以及文艺、科学、文学、语言、食物）已有数百年之久，但并没

有人提出不要这样做，也没有感到在交流过程中有何尴尬之处。因为这种变化通常是潜移默化的，所以很少视为威胁。

　　话说了不少，意思只有一个：日本人缺乏创造力。甚至埃德温·赖肖尔（Edwin Reischauer）也多少接受了这种观点。但他在《日本人》这本书中写道："这种在理论创新上相对较弱，而在实际应用中较强的特点，也是美国在追赶欧洲期间所具有的特点。美国在科学、学术、思想上居领先地位仅仅是近几十年的事。日本要赶上西方，要与西方并驾齐驱，当然也会发生同样的变化。"①

　　许多日本人也认为自己没有创造力。一天晚上，费吉鲍姆和他的妻子新子以及麦考黛克在东京应邀出席一个传统晚宴。东道主是日本一家最大计算机公司的几位管理人员，席间的话题离不开东西方之对比。一位日本高级职员文静地说："你们西方人是世界猎人，到处外出寻找猎物，并且穷追不舍；而我们日本人是农夫。"

　　麦考黛克对此笑而不语，而这位东道主继续说："我们既不创新，也不猎奇。我们非常安于所知道的东西，只是力求把它们做得更出色。"他再次重复他的观点说："你们是猎人，我们是农夫。"

　　麦考黛克本想提出，农业革命是人类历史上一件意义深远的大事，正是由于农业革命，才出现了人类的文明。但劳累了一天，她无意作客气的辩解。东道主举起啤酒杯请大家干杯。

────────────

　　①　E.Reischauer, *The Japanese*（Cambridge：Harvard University Press，1977），p.226.

费吉鲍姆说："我不想喝啤酒。事实上，我实在想喝一杯咖啡。"

他妻子说："还没有上饭。"这意思说这顿饭还没有结束，此时不应该提出要喝咖啡，虽然经过一道道上品佳肴后（菜是由穿着和服的女主人而不是女招待端上来的），每个人都有酒足菜饱之感。

费吉鲍姆和蔼可亲地对妻子说："我知道。但是，我现在就想要一杯咖啡。"

虽然这是一家传统式饭店，咖啡不容易搞到，但主人还是遵命照办。最后端来了一杯速溶咖啡，还向费吉鲍姆表示歉意。

提出猎人和农夫比喻者的一位年轻同事笑了起来，他十分幽默地说："我的朋友绝对正确。你刚才所做的是，在没有人喝咖啡的时候，你却要一杯咖啡，没有一个日本人会那样做。你有没有注意过，当一个日本家庭或一群日本人外出吃饭时，每个人都点相同的东西吗？这就是我们的方式，这就是我们的修养。"说这番话的年轻人毕业于斯坦福大学和麻省理工学院。

西方人还进一步认为，缺乏创新精神会影响日本产生天才。在这方面有两种意见。第一种意见是：没有人认为天才参加计算机研究工作会阻碍计算机的发展，但是产生新一代计算机的秘诀并不在于拥有大量的天才，而在于大量艰苦努力的工作和良好的组织。IBM也很少产生天才，但这并没能阻止它雄踞计算机界的霸主地位。而且具有讽刺意味的是，IBM罕有的天才之一却是日本人江崎博士（Dr. Esaki）。

第二种意见使人不太愉快。日本人常常未能得到应有的肯定。

例如,大多数西方教科书都乐于承认微积分是同时由牛顿和莱布尼兹分别独立发明的,但却从不提及是日本人关孝和(1642—1708)在他们之前发明的。在文学作品方而,日本人也往往得不到肯定。虽然《源氏物语》这部极其动人的小说早在 11 世纪初就问世了,但英语系学生仍在学 18、19 世纪欧洲资产阶级兴起的小说史。

事实上,有一份研究报告表明,日本儿童的平均智商比美国儿童高出十一点。[①]《纽约时报》曾与美国家长心平气和地谈论过此事,指出这可能是营养和教育问题。

但这些争论也许忽视了真正的要点。产生合格天才的国家是如何干的?在后工业化社会中,完成有效工作的最佳方式,是通过一大群人协调一致的努力,而不是靠某个天才富有灵感的工作。事情不正是如此吗?把人送上月球的阿波罗计划不是某个天才的佳作,而是许多受过良好训练且知识渊博的人协调一致共同奋斗的成果。成功的公司、成功的政府机构、成功的军事冒险、成功的表演艺术都无不如此。光荣而艰难的个人奋斗的神话,在从原始小木屋开始的人类历史上是难能可贵的,但在 20 世纪的环境下却是经不起推敲的杜撰。

能用日语阅读第五代计算机规划的计算机顾问理查德·多伦(Richard Dolen)写道:"在这个新领域,工作组的报告表明,他们都能

---

① Richard Lynn, "IQ in Japan and the United States Shows a Growing Disparity," *Nature* 297(May 20, 1982).

掌握该领域以前的研究要点。虽然许多研究人员还是该领域的新手。他们有某些技术的理论知识，但缺乏实践经验，然而这不是他们在能力上有什么不足之处，而且这也不是不可弥补的。"

他接着评论说，像计算机这样的工业，它的进步要靠三种类型人的共同努力：天才、该领域的专家以及许多能力较差的人。上帝分配给日本和西方的天才可能一样多；西方在该领域中的专家优势正在消失（日本人口只有美国的一半，而日本每年毕业的电子工程师却多于美国）；日本计算机技术人员平均每天工作时间和每周总工时都比西方多。

关于日本人在创造能力方面不如西方人这个观点，多伦说："即使这些论点是真实的，也应该看作是普通女店员和办公室一般工作人员的表现，而不是计算机科学家或高级研究教授的表现。他们的能力达到统计学上的99.9％。这些人的行为举止肯定在一般人之上，在创造力方面更是如此。"此外，他还补充说：抱怨日本人缺乏创造力的似乎出自日本的畅销杂志。而写这些文章的人却是富有创造力的日本人，他们经常指责对创造力发难的社会行为。①

日本人还是承认有关自己的老框框，虽然有些人乐于接受，但也激怒了另外一些人。参加第五代计算机规划的科学家们一再提到这一点，并声称第五代计算机是消除这个神话的最后一次机会。他们想

---

① Richard Dolen, "Japan's Fifth Generation Computer Project," *The ONR Far East Scientific Bulletin* 7, no.3(July-September 1982).

要用事实来改变神话：生产第一流的大型智能计算机所必需的创造性基础研究和开发，将列为最高优先级。

许多西方计算机科学家都相信，日本人由于开始搞这项第五代计算机规划，已经得到了心理上的成功。未来的计算机不管由谁开发出来，都将不可避免地用日本的目标来衡量。

十三、 日本神话之二——主题的变奏

许多西方人以"日本人不能创新或缺乏创造力"这个主题的其他变奏借以自慰，因此不必忧虑第五代计算机。一种变奏是：日本社会的每一件事都指向"永恒不变的平庸"，而不是指向"优秀卓越的顶峰"，事实上，在日本人努力达到一致的过程中，并不鼓励达到"优秀卓越的顶峰"。

在"一致"和"同质"之间有些混淆，两者是各自的特征与智力成就的关系。赖肖尔评论说：日本卓越非凡的文化同质影响很大，但主要是由于日本政府有意识的努力，它通过基本的教育政策来发展始终如一、思想一致的国民。大部分宣传工具（包括电视和报纸）是国家的，既不像欧洲那样是政党的喉舌，也不像美国那样有地区特色。但是，却很难把所有这一切造成的结果描述为"平庸"。

赖肖尔写道："我们可以有把握地说，日本人平均看到的国内外新

闻报道,要比世界上其他国家的人民更多、更正确。其他国家的报纸,无论在新闻的质量上还是数量上超过日本的还不多见。"当他观察了日本的民众社会后说:"然而,这些民众的特征几乎不是现代日本文化的全貌,甚至也不是它最重要的方面。要值得注意的是惊人的活力、创造力和多样化。在西方音乐领域中,日本有许多交响乐团可进入世界最佳之列,个别音乐家和指挥家也具有国际水平;日本的建筑师闻名世界;现代画家和版画家甚为多产;所有传统艺术比以往几十年更有生气、更有活力;日本传统陶瓷艺术家竖起的风格、式样风靡世界;文学界充满朝气;人民激发起了艺术创造力;年轻人在滔滔不绝地谈论着新的生活方式。"①

但赖肖尔说得很谨慎:"当然,人们还可以有理由怀疑智力创造是否为日本人的特长。在他们以往的历史上,出现过不少著名的宗教领袖,伟大的诗人和作家,杰出的组织家,以及卓越的思想综合家,但却没有伟大的天才人物。日本人似乎更偏于敏感而不是条理清晰的分析,偏于直觉而不是理性,偏于实用主义而不是理论,偏于组织技能而不是重大的脑力构思。"②

就第五代计算机系统而言,这些或许是无关紧要的。赖肖尔责备西方人持有偏见并且问道:"靠理性实现的真理是否一定优于靠直觉得到的真理? 靠口头调停争端是否一定比用感情取得意见一致更

---

① Reischauer, *The Japanese*, p.202.
② Ibid., p.226.

好?"在知识上站在世界前列的日本,可能比过去任何时候显示出更大的智力创造。在另一方面,其他的品质会使日本人保持更多的特征,会对他们的成功作出更大贡献。①赖肖尔或许还要补充说,如果日本人有了第五代计算机的符号推理机,并用它来作分析和推理,那将更会如此。我们自己的印象是,日本人天生的分析才能是绰绰有余的。

十四、 日本神话之三——自然语言和人工语言

另一个神话是:日本人能够制造汽车、立体声音响系统、照相机和棒球手套,但计算机跟这些东西不一样。日本人不能很好生产软件,这并不是因为他们在智力上有什么缺陷,而是受到了他们语言的限制。

日本自然语言对西方人来说确实很难。日语属于称为阿尔泰语的小语系,这个语系包括土耳其语、蒙古语、满族的通古斯语及朝鲜语。由于历史的巧合,日本人却采用了汉字来书写他们的语言,虽然这两种语言在其他各方面都没有什么关系。如果说语言上的困难会给说话者带来不便,那么未必就跟科学有必然的联系,尤其未必跟计算机软件有必然的联系。

---

① Reischauer, *The Japanese*, p.227.

　　赖肖尔对这个语言神话评论如下："许多对日本人很不了解的外国人，抱怨日语不够清晰，缺乏逻辑，所以不符合现代科学技术的需要。……当然，日本人由于怀疑词语技能，相信非词语理解，期望一致决定，以及竭力避免个人对抗，大多数采用'旁敲侧击'，而不是我们美国人所喜欢采用的'直言相告'。他们在写文章或谈话时，宁愿采取论点不严谨的结构，而不愿采取仔细的逻辑推理；他们宁愿采取暗示或用实例说明，而不愿采取清晰的陈述。但这并不能表明，当日本人想要简明、清晰、有逻辑性地表达意见时，日语无法做到。日语本身完全能符合现代生活的需要。"[1]

　　该神话的另一种形式是，日本人在软件方面比我们落后十年。西方国家目前在软件开发中确实领先于日本，但日本现已作出一项全国性规定，把他们的精力和努力集中到软件上来，以便赶上和超过西方国家，这也是第五代计算机规划中一项明确的既定目标。西方人必将能看到自己的领先地位迅速下降。但有两个要点要牢记在头脑之中。第一，西方人自己对软件也知道不多，总之，西方也缺乏软件创新；第二，正如我们在前面已提到过的，日本人现正着手开发一项全新的软件，如果我们对此掉以轻心，则很快会落后若干年。

　　明确地说，我们的软件仅领先三年，而不是十年。如果我们每天无所作为，那日本人的突飞猛进会很快把三年领先一古脑儿端走。我

---

① Reischauer，*The Japanese*，p.386.

们双方现在处于一个对换地位：他们在规划上处于领先，我们在技术上处于领先。日复一日，我们的技术领先将会退缩，而他们由于热心于改进目前的软件，并创造某些全新的软件，从而使得由此激发起来的技术优势将得到发展。

十五、 日本神话之四——他们自己也知做不到

在西方的计算机企业家中，出人意料地有许多人相信这样的神话：整个第五代计算机的努力，规划文件、会议、东京的新实验室、初期的预算和人员等，所有这一切只不过是一种大型字谜游戏。这些持怀疑态度的人说：第五代计算机规划最多是集资改进明天的计算机产品（而不是十年后的产品）所作的尝试。我们已在前面提过，当问及日本人为什么要为这些一起出现的小变化而进行煞费苦心的长期工作时，他们就答不上来。似乎没有什么经历能开导这些怀疑论者，到目前为止日本成功的关键在于把短期计划和长远规划聪明地结合在一起。日木人在这两方面都搞得很出色。

怀疑论者问：如果日本人真有能力实现这样一个庞大的规划，那为什么又会发生 1982 年夏天日本的一些高级职员卷入窃取 IBM 工业机密的阴谋呢？这个问题包含着一个缺乏前提的推理。日本人希望生产出的第五代计算机的这种机器，在西方任何实验室、企业、大学

里都没有相应的项目。这一工业间谍活动事件应该受到谴责，但它只是为了保持与 IBM 的兼容性这个特定的问题，而跟第五代计算机规划完全是两码事。

怀疑论者又提出：第五代计算机规划仅是一种为了提高日本产品声望的销售花招，是要从 IBM 手里夺取一些生意的政治行动。不可否认，第五代计算机规划同时也是谋求生存的销售策略。但是，通产省已作出了一项避免与 IBM 正面对抗的明智决定。他们对未来作出的规划将使日本遥遥领先于美国公司，采取的途径也完全不同。他们预料当国外竞争者警觉到基于知识的符号推理机的价值时，这些对手再想赶上来就为时太晚了。这是一种赌博，但不是神话。

日本人打算把智能机器提供给世界，他们把这提案立足于美国开拓的研究上，但别认为这是日本人对美国技术的另一次占有。美国的先驱性系统仅提出了方法，基本的研究还几乎未曾触及问题的表面。日本人正在该领域开始进行大规模的行动，当然，这领域目前充其量也只不过是进行小规模本质研究的松散联合体。他们目标很高，气势磅礴。对日本国家的意志、自尊和能力估计过低，对我们没有好处。种族偏见同样对我们没有好处。在这两方面，我们一直存在着弱点。现在我们正处于世纪的转折点，波士顿博物馆的中国和日本艺术馆馆长冈仓觉三（Okakura Kakuzo）彬彬有礼地责备美国人的种族偏见时说："你们为什么要把取笑我们引以为乐呢？亚洲是要还礼的。要是你知道我们已构思好并写下来的有关你们的笑料，那我们在茶余饭后就会有很多使人发笑的'欢乐食品'。"①

十六、 日本的计算机科学教育是致命的弱点吗

　　日本的大学不是教育的机构,而是通向职业的大门。一个年轻的日本人就读的大学,对他未来的就业机会有决定性的影响,所以,他的目标是尽一切可能进入"一流"大学,虽然我们很快就搞清楚,日本的"一流"跟西方的"一流"并不相同。

　　由于日本学生要进入的大学是那么的重要,因此,一般在中学期间(对野心大的学生,甚至在小学期间)就要为准备大学入学考试经受难以忍受的压力。傅高义评论道:"入学考试的目的是测量求得的知识,它的依据是为人们普遍接受的设想:成功并不取决于天生的才能、智商或是综合能力,而是取决于把天生的才能用于有规律学习的能力。大家都公认,天生的才能会影响个人吸收信息的能力,但日本人的观点却是,只有刻苦学习才能改变这种结局。为了进入他们认为是合意的大学,那些花了一年或一年以上的时间接受填鸭式课程的学生,不会被批评为单调乏味,而会被赞扬为坚韧不拔。"②

---

　　①　Okakura Kazuko, *The Book of Tea* (Rutland, VT, and Tokyo: Charles E. Tuttle, 1956), p.8.
　　②　Vogel, *Japan as Number One*, pp.163~164.

　　科学和工程大学中间的先后次序大致如下：处于头等地位的是重要的国立大学，它们中间处在最前面的是东京大学，接着是京都大学和大阪大学等。私立大学属第二等，这些大学不但在传统上排位较低，而且在事实上由于全靠学生学费来维持，而常常处于财政危机的边缘（与其相反，美国私立大学的学费收入很少超过业务开支的三分之一；其余三分之二靠捐款、补助、合同及赠送等收入）。这种分等级也并不一定符合事实。在第二流的学校里或许大有第一流的科系，说实在的，少数杰出人物也常常意外地出自蹩脚的教育单位。然而，无论是学生入学还是公司进人时，似乎还是以上述次序为准。当然，哪个大学挑选的学生最好，哪个大学就有可能办得最好。虽然在一流大学和二流大学的学生之间的差异往往是"想当然"的，而不是"事实上"的。

　　为了能进入一流学校，在经过日本人称为的"考试地狱"之后，学生们都感到筋疲力尽。大学的头两年时间几乎是浪费掉的。例如，在东京大学，低年级学生都被送到郊外分校，只在最后两年的毕业学习才回到校本部学习专业课。在大学毕业后，他们一般都立即进入终身雇用的公司或政府机构（把新学士合适地分配到求才心切的公司，是教授们的重大职责，他们每年秋天都要花许多时间处理这个棘手的问题）。如要继续进修，则一般仍回到他们的母校。

　　事实上，雇主所提供的教育机会相当多。公司例行邀请最优秀的教师（包括美国教授）去讲学，对新雇员先在教育方面投资两到三年，既投资时间，又投资大量的经费，使他们感到信任。须知这些雇员要为公司干一辈子。有位经理说："我们宁愿雇用二十三岁的学生，再花两三年时间在公司的需求、技术及政策等方面对他们进行教育，而不愿在他们二十八岁取得博士学位时再雇用他们。"他接着解释说：研究生学位有时似乎是不利条件，这种人往往觉得自己有身份（要顾全"面子"），因此就不愿意跟学士学位的雇员一样，在公司内被频繁随意地调来调去。

总之，企业把大学当作过滤器，它的信条是严格的入学考试能识别出最聪明、最坚韧不拔的人才。至于大学所提供的教育质量则几乎是无关紧要的，因为公司还要培养他们的实际才干。

因此，大学里的计算机科学的培养质量并不高。即使大学教育的其他方面都很出色，两年的时间也不足以培养一名计算机科学家，何况其他方面也都不怎么样。这些相互关联的情况，致使大学中的计算机科学既不激励向上，又不先进。

首先，每个人在得到学士学位后都能进入公司或者政府机关，而研究生则很少。在西方，研究生是科学研究的主力军，他们也使教授们得以继续上进；日本的教授由于缺乏这样的研究生，故知识就容易停滞不前。

其次，日本的大学缺乏计算机科学实验设备。因为公司和企业没有向国立大学捐助的传统，事实上，这样做还会引起不满（而私立大学则受之无愧），国立大学必须指望文部省拨款购买设备。与支持工业研究的通产省比较，文部省既穷又软弱无能，而且不管教育成果对国家的未来是否有用，基本上都给予一视同仁的支持。由文部省分配的拨款必须排队等待，有时可能要等上几年，往往当经费拨下时研究已无价值。更糟的是，经费的批准是根据科学上成功的可能程度，而不是根据它们的价值。因此，由于计算机设备费用极高，更新换代又快，致使大学实验室的设备越来越落后（这个问题在西方也没有很好得到解决）。

最后，日本的大学还严格抵制学科间交叉接触，而交叉学科在计算机领域中是极为重要的。在东京大学的假期中，费吉鲍姆在那儿作了十二次关于人工智能和知识工程方面的演讲，但这些讲演只在信息科学系进行，而没在工程学院和医学院宣讲。当费吉鲍姆问为什么时，东道主反而对他的提问感到惊讶。

这种与西方习惯的很大差异最终会有什么影响？现在还很难说。日本的制度没有为大器晚成者留出一席之地；更没有为在职业生涯的中途发现自己选错了方向的人留有回旋余地。许多西方观察家都看到了这一切，并相信这种固有的僵化将使日本人不能高水平地创新，而这种创新正是实现新一代计算机所必需的。是否确实如此，还有待于进一步观察。日本平庸的大学制度或许在人才培养方面关系不大，因为公司可以从通产省得到大量的研究资助，承担进一步培养年轻人才的职责。在另一方面，公司培训的人才或许（并非绝对）在想象力和深度、广度方面要比西方大学计算机科学系培养的来得逊色。正如我们所见的，日本的这种制度并不可能鼓励持异见者，因此，持异见者也蔑视这种制度，而且可能会有他们出头的日子。渊一博认识到，大学研究在西方有极大价值，特别是在人工智能这样的领域中。因此，他设立了一个机构，这个机构至少在日本是异乎寻常的。他把日本大学中最优秀的教师吸收到 ICOT 的"工作组"中,让他们也参与这项宏大的冒险计划。

西方人仍然不应低估日本学校对整个文化的影响。尽管大学学习期间被视同放四年假,日本小学和中学的情况却完全不一样。一位观察家写道:"日本小学和中学教育的伟大成就不在于创造了才华横溢的精华,而在于产生了如此高的平均能力。给人印象最深刻的事实是:它使整个人口,包括工人和管理人员都提高到在美国难以想象的标准;而在美国,我们仍在努力提高高中毕业生的能力,亦即提高他们最低限度的阅读和计算的技能。"①

在后工业化社会中,随着环境的迅速变化,工作人员的灵活性和适应性所需要的,恰恰是具有高度文化修养的劳动力,而不一定要受过大学培养的人才。因此,即使大学培养质量较差,日本还能指望小学和中学制度来训练能够使用第五代计算机的工作人员,这是他们最好的有利条件。

十七、 青出于蓝,而胜于蓝

东京 ICOT 四十个年轻的研究人员,是一心一意制造新一代计算

---

① Thomas P. Rohlen, "Japan's High Schools," ms. quoted in "People and Productivity: A Challenge to Corporate America," Study from the New York Stock Exchange, November 1982.

机的先锋。他们本身就是新一代的一部分，而且不仅是日本的一部分，也是世界的一部分。特别对日本来说，不仅正在进行巨大的计算机创新研究的实验，同样重要的是，还在进行巨大的转变社会的实验。老的做事方式正在被年轻人扔到一边，他们精力旺盛，正把自己的未来押在技术上富于冒险的规划上。它的远大抱负使得迄今为止的计算机中的任何成就都将显得相形见绌。渊一博喜欢把第五代计算机规划与美国航天飞机规划相比较，它的目的不仅要诞生一项新技术，而且还要尽力使这项技术渗透到日本社会以及每一个买主中去。

很自然，老一代永远也不会欢迎新一代。与我们西方人假设的关于日本人不可避免的一致本性相反，八家公司和两家国立研究所跟通产省一起组成联合体。他们都像施舍者那样支持这项规划，各自出一份力。支持的程度各有不同，从欣然附和到勉强应付，还有人站在中间观望，一有风吹草动就随时准备退出不干。虽然没有人曾为此事对日本公众做过民意测验，但民众的看法大概也是无所不有的。

但至少日本人有令人信服的理由：要迅速进入信息社会，要使用知识信息处理系统作为交通工具。日本的有识之士懂得，有远见的创新是国家生存的唯一保证，对于这项规划，仅有知识分子一致的热切支持显然是不够的。

当然，并非只有日本人确信未来的财富存在于知识之中，而计算机则是中心技术。其他许多大国和小国也都开始认识到知识（不管是在贸易、就业，甚至在武器方面的知识）可以使大家平等，可以使弱者与强者平等,穷者与富者平等,不幸者与幸运者平等。在其他条件相当时,拥有较多知识的国家(公司或个人)将占优势;在其他条件不等时,拥有较多知识的国家(公司或个人)能克服资源贫乏的不利条件,进而取得优势。

如果说是日本人最早察觉国家新财富之所在,那么其他国家现在也紧跟其后,穷追不舍。我们将在下一章中探讨另外几个国家是如何响应挑战和看待机会的。如果说有一个信息的话,那么这个信息就是:新的一代不仅要到来,而且还会胜过老的一代,这是自然发展的规律。

第五章　各国的对策

一、智慧、远见和意志

当遇到一件有利的事情时你能看准它,这就是明智的表现之一;善于认出不利的事情并毅然摆脱它,这是明智的表现之二;你鼓起勇气,下定决心,越过困境,克服种种障碍,把有利的事干到底,这是明智的表现之三。

从科学发展来看,提出第五代计算机规划可能正是时候,但对日本人来说,无疑也是心理上的时机了。通产省认为日本人必须学习创新,而 ICOT 将是楷模,凭借第五代计算机来增长这个民族的远见卓识。因此,一进入东京实验室,就能发现在这里充满着朝气、欲望和热情。日本计算机科学家急于想做一些重大的事情。正如他们在报告中宣称:信息处理十分重要,它将影响每个企业。所以,他们把以第五代计算机为基础的专家系统当作赌注,又极小心谨慎地行事,有计划地定期估算和评价,以指导下一阶段的科学和财政投资。第五代计算机规划的各方面都表现出将会带来全民族的成功。

美国人差不多已经忘记全国胜利时的兴奋,我们曾举国欢庆把人送上月球和从伊朗接回人质。这些是真正的庆祝,但转瞬即逝。当我们把人送上月球时,许多人却疾呼为什么还不能净化我们的城市(这两个问题毫不相干);当人质回来时,不少人愤怒地质问:为什么从越战回来的士兵却未得到同等对待(大家都知道原因何在)。

1982年英国和阿根廷在南太平洋福克兰群岛交战期间,双方都沉缅于酣战。正好这时英王室又诞生了一位继承人,英国人似乎相信赢得这场战争就是全国的胜利。

在外人眼中,这种打赢后的快乐不像是国家的胜利,倒像是与时代不符的惊人浪费。撒切尔夫人告诉下院,福克兰战役开销达7亿英镑,折合美元为11.9亿(还不算14亿美元的军舰和飞机损失),战后恢复估计每年要花6.78亿美元。如果英国着手于自己的第五代计算机规划,耗费的资金可能还要多,人们就更要议论了。

民族主义过了头容易招来批评,但是不可忘记其中的兴奋。波兰人,在面对巨大压抑时,不说自己遭受的许多痛苦,却谈对团结一致的深厚感情,谈他们的新朋友和谈他们作为波兰人的见识。

日本人呢? 他们不仅在理智上,而且在感情上也已承担起建立以确保该国在世界大家庭中处于领导地位的规划的职责。

很难用理性的方式与日本人谈这个规划。有位参与这一规划的日本软件专家黑川利明(Toshiaki Kurokawa),用兴奋、漠不关心、敌意、赞成和嫉妒这些字眼，来描绘对待第五代计算机规划的各种感情。大家似乎没有感觉到我们都疯狂了。在日文里，疯子是一个贬义词，我们没被认为是疯子，而被看成野心勃勃。凡从事计算机工作的青年研究人员都深为这一规划所鼓舞，而年长的人，尤其是管理人员却提出：这个规划目标不明确，很难达到。日本人从来没有管理这样大规模规划的经验。"很有意思。"黑川继续说，"通产省规定第五代计算机规划聘用的研究人员必须在三十五岁以下，这个规定必须严格执行。我认为这一举动影响巨大。"

由于第五代计算机是一项科学和技术的规划，这种尝试新鲜事物的兴致只有在美国加州硅谷的新兴公司里才能见到。在硅谷，这种欲望来自为个人谋利。其实，个人利益并不是一种见不得人的动机，但它不能与ICOT里那些青年研究人员的狂喜心情相比。因为他们在追求一个崇高的目标，在为自己的国家争光（也可以说是拯救自己的民族）。

在美国最后一次出现这样动机是在罗斯福推行新政时期，他们无需打倒任何人，只是为了拯救自己。当时许多青年人被老一辈人用"无所作为和有所作为"来加以形容。波尔（George Ball）在他的回忆录中写道："新政策在政治和经济方面都使中产阶级震惊。确切地说，它令老一代人感到惊讶，新政策是锻炼提高三十岁以下人的精神和勇气的一种形式。旧秩序已经不起作用，我们渴望更好、更新的东西……在寄予许多希望的日子里，我们坚信一条：迄今没有一件事做得足够好，但只要下决心，没有做不好的事。"①由于这些新思想的锻

---

① George Ball, *The Past Has Another Pattern*(New York: Norton, 1982), pp.17~18.

炼、甚至失败,新政吸引了整个一代男女,这就是美国最崇高的时代。

对于日本人来说,第五代计算机足以和罗斯福新政相比。日本人要以远见和意志来弥补经验不足。这种远见为我们大家展望一个更加和平富足的未来,而不是留恋过去。第五代计算机规划当然考虑到竞争和变化。日本人预见到知识信息处理系统将给他们的生活带来巨变,但他们心甘情愿。"这很好。"黑川补充说:"自从第二次世界大战以来,我们的生活方式已经有了很大变化。"

因此,日本人几乎完全不管技术后果,下决心要为民族成功而奋斗。其实,即使从技术后果着眼,就长远来说也是有利的。正如我们所叙述的,在信息处理和专家系统方面前途光明,这是我们迟早要开发的新大陆。与我们不同的是日本人已经整装开步了。打一个比喻,我们引用歌德在一次谈到拿破仑时所说的:"他出去寻找'美德',但没有找到她,而他却夺得了'权力'。"毫无疑问,日本人乐于两者兼得。

二、 英国的悲剧

1953 年 7 月初,正值牛津大学夏季学期即将结束时的一个罕见的大热天,两艘平底船沿着彻威尔河顺流而下。船上坐满了一群兴高采烈的青年人,他们去参加贝雷斯福特·帕利特(Beresford Parlett)二十一岁生日的野餐郊游。帕利特是英国人,他和美国朋友关系密切,后来做了加州大学伯克利分校计算机科学教授。正好同船还有几个拿罗兹(Rhodes)奖学金在牛津攻读经济学和数学的美国学生。其中有一个名叫阿兰·恩索文(Alain Enthoven)，他后来当过美国国防部负责系统分析的助理国防部长，然后又到斯坦福大学任经济学教授。恩索文若有所思地凝视着船头的学生们，他们也许是牛津最聪明的学生，却全都攻读希腊和拉丁的古典文学，是文学士。"那儿，"恩索文指着船头说："那儿是英国的悲剧。"

麦考黛克在探讨英国人工智能历史时想起恩索文这句辛辣的话。一个国家的最聪明的青年人带着不切实际的幻想学习古代文明。想到在20世纪后期，就是他们这些人将参与国家重大决策，用"悲剧"这个词也不算夸张了。不同时代的知识是不一样的，英国人断然拒绝的东西正是日本人强迫自己去创造的东西。这就是为什么英国人再三顽固地拒绝一系列机会的原因。

那些不同意麦考黛克见解的人总是用桑塔亚那研究历史的好处来辩解："如果你不了解历史，就会重演历史。"她有礼貌地微笑着。不错，了解特洛伊兴衰的原因是有好处的，午后朗诵皮达尔的赞美诗，也能使人神清气爽。但一切都要适量(这本身就是希腊的警句)，她认为不恰当地注意希腊，正是失去一系列机会，做出荒谬决定的有力解释，而这些过失就是英国人工智能史的主调。有人辩解失败的责任不在学习古典希腊的人，而在研究科学的人，这种说法，意指学习科学的不是英国最聪明的孩子。其实不然，尽管有许多障碍，学科学的人中间有许多都是最聪明的孩子。

"悲剧"与"喜剧",两者的分界线是由观众自己定的。但是,最公正的观察者,也要对英国的人工智能产生不同的结论。最好把英国人工智能描绘成一场着重情节的戏,因为剧情还在发展中。看来,英国人比美国人好一些,英国人认为日本的第五代计算机规划是冒险的挑战,关键是如何对付这场挑战。说到最后,如果说英国人陷入悲剧、闹剧、甚至情节剧,那也不是因为没有天才,而是上一代人的决策错误。

最先意识到计算机有智能行为的,是剑桥大学天才的逻辑学家艾伦·图灵(Alan Turing)。30年代初他在剑桥读数学时,天赋极高却性情乖僻,他不会把自己的注意力放在他不感兴趣的事情上,毕业时只获得二等奖章。但是他的才能还是被看中了,二十二岁时被选为剑桥的皇家学院(King's College)的研究员。1937年他发表了一篇论文,数学家们认为他的见识不凡,单凭这篇论文,就足够列入数学年鉴。在这篇论文中,他提出几年后就可能做出一种像计算机式的异常复杂的抽象机器。当时还没有类似这样的机器,而他已能描述这部机器的模型,还概括了后来计算机进入的各个领域。

二战期间,图灵在代码编译和硬件制造方面作了一些分析性工作之后,来到泰丁顿(Teddington)国家物理实验室,着手设计自动计算装置(ACE)的试验样机。这是英国在制造计算机方面的先驱性工作。由于实验室进度太慢,他就去剑桥休假了。1947年假期结束时他完成一篇述理透彻的小论文:《智能机器》。文章讨论了实现"制造智能机器"的办法。尽管论文中许多构想还不成熟,但他在开发智能机器方面提出的意见,在十年后研制成功的第一台智能机器上都实现了(因为该论文三十年后才发表,第一台智能机器与图灵无关)。

休假回来,他对国家物理实验室更不满意了(他在1947年设计的试验样机,直到1958年还未实施,他气得大发雷霆)。1950年,图灵来到曼彻斯特大学,着手设计新机器,还出版了一本论文集《计算机与智能》,受到广泛注意。书中他又一次提出"机器能否思考"。他还提出所谓"图灵测试",就是将一个测试者与人(或机器)隔开,只能用电报对话。图灵认为,如果测试者不能明确说出他是与人还是与机器对话,机器就可被看成会思考。此外,他与别人合作了一个下棋程序(他形容为我自己玩的漫画)。这个程序后来被改编为第一个能下完一盘棋的程序,当然速度很慢,水平也不高。

图灵是英国人中最聪明的一位,还有不少英国人也在考虑人工智能问题。从1940年末起,他的一群朋友和同事组成了"比率俱乐部",探讨机器和人脑的关系,图灵也经常参加讨论。

人工智能的早期研究并不惹人注目,后来才在几个著名的大学里全面推开,其中有曼彻斯特大学、爱丁堡大学、萨塞克斯大学、埃塞克斯大学,以及伦敦经济学院。爱丁堡大学有一个庞大的研究小组在解答问题程序、机器人和高级语言研究方面取得了迅速而令人振奋的进展。爱丁堡研究小组开始引人注目,他们所获得的研究成果,毫不逊色于世界上任何一个人工智能实验室的工作。

　　爱丁堡大学的核心人物之一米基(Donald Michie)，年轻时是图灵在二战期间的同事，那时他从事于密码破译研究。米基聪明绝顶，但他经常嘲笑别人的错误，使人气愤。60年代末和70年代初，大西洋两岸都流传着对米基的愤怒的轶事，他自己却以此为荣。

　　到1973年，情况急转而下。由政府赞助的科学研究委员会宣布了一个报告，是由著名的应用数学家詹姆斯·莱特希尔(James Light-hill)爵士执笔。他既不了解情况又不富于同情，却在文章中给人工智能下了一个断语。他宣布：这项工作充其量前途暗淡，严格说则近似欺骗，不论怎么讲，都不值得支持。许多英国和外国的科研人员都认为其中一定有非科学的动机。最尖锐的看法是想从学术上扼杀米基。虽然他对此置若罔闻，但是莱特希尔的报告使英国的人工智能研究遭到沉重的打击(连澳大利亚也未逃脱灾难)。由于莱特希尔对初期机器人的研究也采取不宽容的态度，爱丁堡大学著名的机器人课题也被停止了。许多年轻能干的研究人员被驱散。后来，机器人在突飞猛进的日本生产中起了重要作用。相比之下，莱特希尔报告对于一个国家而言，造成了恶劣的影响。他还无视专家系统的潜力(老实说，1973年只有少数人看到它的现实性)，却把经费用来支持成不了气候的研究工作。①

　　在爱丁堡被解散的研究人员中，有一个名为达特里克·海伊士(Datrick Hayes)的人打算留在英国继续人工智能研究。但海伊士发

①　在 *Machines Who Think* 一书中，麦考黛克报告说，在莱特希尔报告发表五年以后，政府即使不是慷慨的，至少也是以令人满意的水平对英国人工智能研究提供经费。正如卡萨布兰卡的酒吧间老板里克所说，我听到的情况不正确。

现英国的高等教育被搞得支离破碎。①他无处可去，只能找到一些低级的职位，根本不可能被提升到较高的位置上来。那些占据高职位的少数人无所作为，当然也没有经费。于是海伊士像其他优秀研究人员一样，受到优厚条件的诱惑，最后来到了美国。其中迈克尔·布莱迪(Michael Brady)当了麻省理工学院人工智能实验室的副主任，戴维·华伦(David Warren)曾是爱丁堡大学 PROLOG 系统的设计师，现在服务于斯坦福研究所，德里克·史利曼(Derek Sleeman)先生曾任教于利兹大学，现在则投身于斯坦福大学计算机科学系。②

三、 英国毕竟是英国

一名不带偏见的旁观者倾向于认为日本和英国有一些共同的特

---

①　海伊士对英国高等教育的评价并非完全不公正。1983—1984 财政年度大学预算平均削减 15％(这是实际数额)，但这个平均数掩盖了这样一个事实：有些大学的预算只削减 1.5％，而有些大学却削减了 44％。有关款项都由大学拨款委员会整笔拨给各大学，并须按各大学认为适当的比例分给教学与研究。不过，削减预算后，研究部门的处境要比教学部门的处境好些，而且由于经费固定是大学所能希望的最好待遇，新的研究可以靠牺牲已确立研究的办法来加以保证。政府对地方大学以牺牲研究来保存教学(或教师的职业)的决定十分恼火，并威胁说，如果那些大学不改变决定，政府将进行干预。由于政府一方面宣称科学与技术都是它所希望并需要的，一方面却显而易见地偏向牛津、剑桥，而对大多数工科大学不加重视，这就使形势更趋糟糕。1982—1983 学术年度大学拨款委员会支付的总额(19.2 亿美元)相当于政府在福克兰群岛冒险中所花的费用(11.9 亿美元加上达 14 亿美元的物资损失，总计约 26 亿美元，另据 1983 年 1 月 23 日《纽约时报》估计，为维持福克兰群岛驻军，每年要花 6.78 亿美元)。David Dickson，"British Universities in Turmoil"，*Science* 217(August 27, 1982)。

②　科学社会学家詹姆斯·弗莱克写的一篇平心静气地详细叙述英国人工智能研究的文章"Development and Establishment in Artificial Intelligence,"收集在 Elias，Martins 和 Whitely 合编的 *Scientific Establishments and Hierarchies* 中。*Sociology of the Sciences*，vol. 6 (Boston：D. Riedel，1982)。

点：都是缺乏自然资源、人口稠密的岛国；日本在一场大战中战败，英国失去了帝国之尊，至今还找不到一个合适的词汇来描述它的现状；相对别国而言，它们都有全国的一体性，例如，具有赖之以形成全国统一目标和前进方向的全国性报纸和其他公众宣传工具（日本做得更好些）。

还有一些次要的共同点：如两国都维持有象征性的皇室，汽车靠左面行驶，爱好养鱼和精美的花园，而且冬天都担心供暖能源中断。

日本有较好的社会教育，英国却拥有北海油田以及世界通用的语言，两个国家都有尊重知识、文化和教育的悠久传统。

旁观者甚至认为，日本人重视第五代计算机规划的思想对英国人也是适用的，持这种观点的人不在少数。

例如，米基和他的同事们于 1980 年曾提议成立一个取名为图灵的研究所（图灵于 1954 年逝世），作为设计未来信息处理系统的国家实验室。要求政府在五年内，每年提供 100 万英镑科研费，直到该研究所能从与工业界的合作中赚到钱为止。然而这个建议没有被政府或有财力资助者采纳。

当英国代表从 1981 年秋季在东京召开的第五代计算机会议回来时，几名代表提出了很有分量的警告，各种委员会和研究小组纷纷聚会讨论这个问题。1982 年 2 月 1 日，由英国工业部主办，举行了一次有八十位工业界领袖参加的短会，被称为秘密会议。在某种意义上讲，这次会议的确是秘密的，因为与会者都不把自己的姓名公布出来。这个会还有很大的排斥性，会议排斥了新闻界，也回避了英国大多数了解人工智能的人。

　　米基也未被邀请参加会议，他不仅是真正的人工智能的先导者，还制造了英国第一个专家系统，但他未被邀请。亚历克斯·阿卡裴耶夫（Alex'd Agapeyeff）也没有被邀请，他是对"专家系统"极感兴趣的英国计算机学会的会长。米基对一家商业周报《计算机》说："我未被邀请参加开会，个人并没有损失，但我认为不听取专家学者的意见，政府凭什么在技术领域中做决定。"阿卡裴耶夫也说："政府当然很难决定应该请谁发表意见，但某些抢着去参加第五代计算机会议的人，并不真的相信专家系统。"①（有位参加这次会议的工业界人士对费吉鲍姆讲，排斥某些人参加会议是有意的。他说米基是有名的麻烦制造家，他会在会议上引起分歧。这话也许是对的，也可能是会议考虑不周的事后借口）。

　　一周以后，《计算机》周报发表社论呼吁英国付诸行动。《计算机》周报提醒读者，不想做事总是有理由的：如日本人可能犯错误，协调性规划从来不是英国工业界的拿手好戏，也许会触怒美国人等。社论说，但是不管怎样，现在是着手长远规划的时候了，机不可失，时不再来。

　　实际上，《计算机》周报似乎是在代表人工智能和专家系统发动一场小战役。一月份，它曾发表一篇题为"英国濒临死亡的一代"的文

① *Computing*，February 4，1982.

章,描述了莱特希尔报告的恶劣影响和三名人工智能的主要研究人员出走美国的始末。这时,主编在这篇文章的基础上又写了一篇带点儿夸张口气的社论:《英国忽视他的人工智能先驱者》。社论抱怨科学技术研究委员会(SERC)拨的经费太少。早在 1980 年 7 月,一群知识库系统的专家曾要求 SERC 资助开展"从技术信息角度对日本第五代计算机规划的长期监视"。政府拖到六个月之后才给出一个敷衍的答复,迫使米基又写了一份报告,指控 SERC 既不征求专家的建议,也不派专家代表英国到东京参加第五代计算机会议(日本人曾给米基个人发了邀请)。

又过了一周,《计算机》周报第一版的头条新闻披露那个秘密会议做出了惊人决定:"英国政府计划在今后五年内,拨出 2.5 亿英镑,开发第五代计算机系统。"如果是真的,就足以和日本政府的投资抗衡,并使英国的发展时间表加快一倍。这真令人难以置信。虽然"可行性研究"还未动手,但这笔钱已经叫人心痒难熬了。

到 1982 年 7 月,《新科学家》杂志也参加了讨论。"简直是科幻小说。"该杂志这样描绘第五代计算机:"统治日本的官僚们非常善于把野心勃勃的目标和政策转化为具体行动,过去三十年日本在电子、汽车和冶金方面的成就足以证明。"

对于目前的英国,《新科学家》报道说,已经由电子专家组成了一个委员会,针对日本的挑战,在科技方面向英国的部长们提出建议。《新科学家》意识到委员会的组成有意回避学术界意见,就引用一名政府官员以浓重的英国腔说："深受'大学辅助金委员会'伤害的学者们都在讨论关于日本规划的许多问题，他们大声疾呼来自日本的威胁，以此作为争取政府经费的理由。"《新科学家》反对说：这种态度无视现实，大学在英国高级计算机的研究中做了大量工作，而企业远远落在后面，仅有几家小公司制成了只由一两位软件专家研制的专家系统，整个英国计算机工业却无所作为。

许多人对第五代计算机不感兴趣，一家公司认为第五代计算机规划是在声东击西：日本人嘴上讲智能机器，实际上却在改进磁盘驱动器和芯片。因此，最好不要把钱给从事人工智能研究的人。现在需要做 1982 年的事，他们却总是想做 1992 年的事。务实派的英国人要限制他们的轻举妄动。

在这些反对的声浪中，英国计算机刊物低声唱着小调："太晚了，我们本来可以追上日本人，现在已为时太晚了。"人的大脑已经枯竭，也耽误了英国依靠人工智能的机会。这些都说明，像《计算机》这样的专业报刊也只能哀歌多于后悔作罢。

四、 再次努力——艾维委员会的报告

与英国政府发言人恶意狂叫相反，1982 年上半年被第五代计算机会议激起的许多有说服力、辨证的报告在英国广泛流传着。这些报告

对企业和学术机构采取不偏不倚的态度。它们一致主张：英国应该发起自己的第五代计算机规划。不仅依靠国内的专家，还要把国外侨民请回来。如果用认真的、资金充足的、与国外同样好的工作，用支持和验证本国天才学生们才能的自力更生规划来吸引他们，他们是会束装回国的。各种研讨会也都认为日本人的思路对头，问题已经成熟，又时逢良辰，可以动手干了。这些会议同时指出美国、欧洲和日本互相竞争（这是一种由国家军事集团参加的老式壮观的国家之争。指导思想很简单，就是竞争，或者即将竞争，因此你必须面对竞争。科学家对于这场竞争是外行，不会像军人那样炫耀自己，但他们确实在玩这场竞争游戏：英国计算机科学家把美国人工智能的成果告诉政府；美国计算机科学家则借口英国的大学有多少超级计算机，要求美国的大学购置更多的计算机。因此，我们诚恳希望社会科学家们赶紧跟踪本书罗列的第五代计算机产品，以便提高全世界的科研水平）。

例如，艾维委员会（Aivey Committee）是英国研究信息技术的官方咨询委员会，它在1982年夏天公布了一份向政府建议的报告，坦白承认这是针对日本挑战的反应。报告郑重建议："要保持和加强我国信息技术竞争力的研究。"该委员会宣称在高级信息技术里，有四大领域已经形成，这就是软件工程、人机对话、智能知识库系统和超大规模集成电路。"我们请教的信息技术界的工业家和知识分子们都认为，这四大领域与我国信息技术未来的发展休戚相关……我们相信努力推行本报告中所建议的计划，将会受到广泛欢迎和支持，我们敦请迅速实施。"

简言之，艾维委员会建议为推行一项发展高级信息技术的国家计划，五年内需要总预算为 3.5 亿英镑（约合 5.67 亿美元），政府承担该预算的三分之二，其余由工业界提供，而把研究成果变成市场产品还需投入大量资金。这一计划需由工业、学术界以及其他研究机构合作进行。该委员会重申：政府的大力支持至关重要，否则就不能促成合作，其研究成果也无法被企业界（包括小厂商）充分利用推广。颇为重要的是，该委员会要求指定一位强有力的领导者，全权负责推行整个计划。

该委员会除了措辞有些激动之外，还提出一项几乎与日本第五代计算机宣言完全一样的声明："我们眼前的结局很简单，要么我们在技术上取得优势，要么打算依赖进口技术，当然还可以退出这场竞争。我们认为选择最后一种做法是不恰当的，依靠进口技术，实际上不是一种战略。虽然我们还不能完全自给自足……但我们认为唯一合理的选择，就是在处于领先的研究课题方面加强我们的技术实力，分担促进和发展世界信息技术的责任。我国需要抓住时机、加强实力、开拓我们的前景，我们的计划就是为满足这一需要而提出的。"①

1982 年 7 月，计算机专家阿卡裴耶夫主持了一次 SPL 国际公司（英国一家软件公司）主办的第五代计算机研讨会。英国和一些外国

---

① "A Programme for Advanced Information Technology: The Report of the Alvey Committee"(London: Her Majesty's Stationery Office, 1982).

的人工智能领域的著名人物参加了会议。发言的题目非常广泛，从第五代计算机的技术到商品的生产。

米基用引人入胜的口气问道："那么，无畏的知识工程师们正在制造新炸弹——知识炸弹。请问是否有科学的根据？可以这样简洁地回答：近乎没有。"一点也不错。米基曾呼吁随着对第五代计算机付出的艰苦努力，需要"发展一套完整的、高水平的理论知识"。他继续解释这个理论的价值："自从牛顿时代以来，桥梁建设者有了一套称为力学的完整的理论，蒸汽机工程师有了一套卡诺（Carnot）热力学理论，飞机设计师有了流体力学，农业专家有了遗传统计学，通信工程师有了香农（Shannon）的信息理论。"

这种"有车必有马"的论点，太可悲了。不错，牛顿力学给桥梁建造者以巨大帮助。但是，在物理学还未对桥梁屹立的原因作出理论解释时，少年牛顿，甚至罗马军团不知走过多少大大小小的桥梁了，他们的双脚也没有沾水；在遗传学还未被人理解时，动物也没有绝种；而且发明飞机的莱特（Wright）兄弟也并不知道流体力学。终究有一天，知识理论会引起人们的兴趣，并且发现它非常重要，而它与智能机器的设计实践密切相关，当这一天来到之时，也就是人工智能的最美好时刻。但是西方哲学家对"智能的理论"进行了两千多年的抽象探索，至今仍无建树。

米基完全明白这一点，那么他又争什么呢？从一个线索可以看出他的真实意图，就是他曾呼吁美国人工智能的研究按"车"和"马"同时存在的方式进行，也就是科学和技术统筹兼顾，理论与应用一视同仁。我们从一尘不染的英国科学家和满身油腻的英国工程师之间的鲜明对比来看，这种说法是对的。正如《新科学家》杂志所说，他想在讲实惠的工业界人士、政府与光谈理论、从事新科学的学术界人士之间架起桥梁。或者，他想把伦敦和各地、上层与非上层结合起来。外人无法理解，但英国确实存在彼此怒目相视的特点。

不管怎样讲，7月份会议的技术辩论之后，一位英国计算机企业家科林·克鲁克（Colin Crook）谈起日本第五代计算机商品化的可能性，断定这件事值得干，与会者几乎都同意这种观点。他特别赞扬日本人虽然订了十年计划，但是一有机会，立刻会把中间成果——产品、生产工艺和设计思想投放市场。他和他的研究小组一致认为，今后二十年最能达到商品化的领域有：超大规模集成电路、知识工程、通信网络、个人计算机和软件。最后，他提出了两个问题：日本人能否发挥出必要的创造活力？别人应该做些什么？

众所周知，日本人的创造力问题，远比表面看见的复杂得多。别人应该做什么也无法明确回答。这些问题在SPL会议上也未找到答案。对于英国而言，不可能一改几十年争喋不休的局面，唤起一个一致拥护的全国计划，因此在这些问题上谁都不能过分乐观。

但是，这个岛国有时会采取出人意料的行动。历史上一位摄政者奥利弗·克伦威尔（Oliver Cromwell）去世时，曾举行隆重的国葬仪式，把他安放在西敏寺，但两年之后，他被判为卖国者，尸体被挖出，吊在刑场上,用他自己用的斧头重击八下,头盖骨都打碎了。一个能骤然改变意志的民族,虽然在竞争中有时适应得很慢,但是也会发生突变,因此不可小看。

五、　选择错误

英国政府对研究和开发支持甚微,就这些有限的经费还对物理学有所偏爱。这大概是政府科研经费分配委员会一直由物理学家控制的缘故。物理学实在是科学的"阳春白雪",这是一种中小产业主不沾边的高档项目。不过,英国人死要面子,尽管家里的汽车已经破烂不堪,店铺里急需添货,甚至老母亲需要新的绑腿,还是要先做"阳春白雪"。这是传统的习俗。老实说,经济状况不佳的人需要择物而购,而英国人总是选择错误。

既然从政府得不到科研开发经费,于是寄希望于私人工商界。可是,1967—1975 年间,在欧洲共同体的主要国家里,英国是唯一减少科研发展基金的国家,这些年来共减少了 11％。英国投入基本研究的经费在国民总收入(GNP)中所占比例从 1964 年的 2.32％降到 1975 年的 2.09％,[1]看来这种趋势不会改变。

---

[1]　Philip Gummett, *Scientists in Whitehall* (Manchester: Manchester University Press, 1980).

恰巧，日本这几年内的科研开发费用的比例，与英国大体一致。为什么日本的效果显著，而英国则收效甚微呢？主要原因是日本各公司最近认识到对基本研究开发投资是有利可图的。以前，它们购买国外的技术并加以改进，然后投入大量生产。现在，它们认识到依靠国外的技术是不能长久的，并且也影响国家的荣誉。日本现在投入非军事研究的人数与美国不相上下，第五代计算机就是其中一项。[1]

反之，英国既不输入技术加以改头换面，又不采取大量生产的方式。米基曾发出警告："虽然只用一二品脱的汽油就能发动汽车，但在国际大赛中跑不了几步就得停。"如果英国愿意思考这个问题，则就会响应并听取米基的劝告："我们必须把眼光放在未来，还要根本扭转许多观念。不但政府机关的观念要变，许多比较保守的大学院系也急待改变。"[2]

但是，谁来改变这些老观念呢？由于英国没有与日本通产省同等的机关来进行协调和指导，虽然英国各对立派系也可能会坐下来交换意见，但又有何用。社会科学家菲利普·古默特（Philip Gummet）观察到："最后还要回到建立制定科学政策的机构这个问题上来。必须强调说明，英国还没有一个国家机关专门负责从整体角度考虑科技的现状和未来方向。如果正如基辛格所说的，将来，科技是先进工业国

---

[1] Vogel, *Japan as Number One*, p.136.
[2] Donald Michie, letter to the editor, *Computing*, March 18, 1982.

家的最重要的资源，那么英国就必须老老实实承认他们这一重要
疏忽。"①

在英国，单提人工智能方面的失败是不公平的，整个计算机领域
都不景气。超大规模集成电路不先进，计算机的销路不好。除开发了
法语 PROLOG 程序语言外，英国在程序语言方面的贡献在世界上也
是微不足道的。

以英国作为例子的唯一理由是：虽然事事都想占先，但是管理不
善、指导思想错误、又虚好面子，就会从胜利变为失败。美国应该从英
国的悲剧中吸取教训。

同样，我们再来看看胜利者的做法。日本人是非凡的。当然，它
的一切不能不加分析地模仿。别的国家也不想这么做。但是，日本人
确实做了许多不平凡的事，这不仅值得我们称颂，还值得详加研究。

六、 法国的第五代计算机

为进入新的信息时代而制定的所有计划中，法国人拟定的计划是
最完美的。他们打算在许多领域中提高自己的水平，政府资助研究开
发的资金预计在今后几年里增加 6%—8%。而且，法国特别重视电子

---

① Gummett, *Scientists in Whitehall*, p.233.

学。从吉斯卡德政府开始，经过密特朗政府的促进，法国已经制定了一个组织和协调全国电子工业的特别计划，从芯片制造到电话，从软件工程到人工智能和机器人。这个计划的最后目标，当然要使法国在知识信息处理方面处于世界领先地位。

1982年6月初，七个主要工业国家的首脑在巴黎凡尔赛宫聚会时，他们的主人，法国总统密特朗在欢迎词中提请诸位注意，面临的许多问题与以往发生的许多事情一样重要："历史告诉我们，西方以往两次工业革命的显著特点就是，第一阶段的失业率、保护主义和通货膨胀率都相应升高。"尽管美国总统里根表示反对：政府的计划无法预测技术的未来。密特朗仍然坚持认为技术会对社会造成重大影响，特别是通信和电子计算机。他估计到1990年，大规模生产的20％将由机器人来承担。"我们必须找到控制这种转变的方法，以保证使新技术创造就业机会的速度大于其减少就业位置的速度。"

发出警告之后，他继续批评妨碍技术开发的经济节约计划："现在我们必须鼓励私人和社会的工业投资，来适应技术革命的需要。"他呼吁全世界合作来实现某些领域的研究目标。他建议搞一个合作计划，把电子计算机引入发达国家的学校中去。他还建议推行一套把高技术（特别是电子计算机）转移给发展中国家的法国计划。最后，为了显示法国的风度，他表示可以由法国资助，出版一部相当于迪德洛特《百科全书》的现代电子百科全书，在日本第五代计算机会议上也曾出现过这种设想。

关于国际合作，他适可而止了。但是，密特朗说出了法国对未来的普遍看法：信息技术占有举足轻重的位置，并影响深远。比如，国营法国电话公司利用家庭终端向电话用户提供信息服务，从而匆匆地跨入了电子时代。1982年9月，该公司开始为雷恩(Rennes)市西北的用户以每月一万台的速度安装终端机。这些终端不仅提供一般性指导服务，而且可以告诉你最近的服务点的地址、营业时间等。如果用户把姓名拼错了，电话系统还可以提示你。同类的终端系统还能为巴黎郊区的用户提供商业服务和飞机时刻表；另外还有一个农场区的终端机可以用来了解社会保险权利，办理建筑许可证，以及查询农业法令。法国其他城市不久也将建立联机系统。

这正如政府主管电子和信息工业的部长希瑞尔(Jean Claude Hirel)最近对法国信息技术专家们讲的，不但计算机将影响工业，而且信息技术将"在国内各行业推广"。他保证政府的科学技术部对各种推广给予充分支持。他还保证法国的目标不但要在第三世界，也要在其他国家中名列前茅。

为了履行诺言，法国密切注意着日本第五代计算机规划的进展，同时抓紧制定相应的计划。一个称为SICO的信息系统小组，成员包括民间的和政府的科学家、工业家。法国国家信息科学实验室(INRIA)支持这个小组。大约就在英国提出艾维报告的同时，这个小组也提出了一系列的建议，其中包括为了开展研究工作应立刻购买美国制造的VAX和Lisp计算机的建议。这项建议因为与法国优先购买国货政策不符,迄今未能执行。但是,小组提出的其他建议使法国采取一致行动来设计和制造软件和硬件,与日本的软、硬件,尤其是知识库系统相对抗。实际上,至少有两家公司已经开始着手知识库系统的研究。一家是石油仪器专家斯伦贝谢公司,该公司认为人工智能无比重要,应该建立自己的人工智能研究小组。另一家是埃尔夫·阿奎坦石油集团公司,这家公司与一家美国公司签有协议,由美国公司提供用于钻井的专家系统。

由此看出,法国人并非只是停在嘴上。最吸引人的是"信息技术与人力资源世界中心",这是塞文·施赖伯(Jean-Jacques Servan-Schreiber)提出创办的。中心是在吉斯卡尔·德斯坦政府时期酝酿成立的,在密特朗政府时备受关怀。第一年得到近900万美元的预算支持,第二年预算又增加了将近一半。

这个中心设在巴黎,任务是为外国训练人才,以及开发信息技术,并向不发达国家传授技术。他们设想第三世界国家无须经历工业化国家走过的路,可以跳过重工业阶段而直接跨入电子时代。这种想法不仅与法国政府亲近第三世界的政策不谋而合,而且有助于法国在高技术方面与美、日竞争。

实施这一项任务对任何一个研究所都是繁重的,而塞文·施赖伯却兴高采烈地对新闻界大谈如何利用电子计算机改造社会和经济,做一项能使年轻人、失业者、老年人以及所有的人都能受益的"社会实验"。虽然有两位美国电子计算机专家临时参加该中心工作,还有一些美国人与中心保持联系，但是从一开始人们就对中心主张的目标表示怀疑。尽管如此，在该中心的资助下已经着手一个计算机识字方案。有位半信半疑的美国计算机专家说："等到他们的磁盘上沾满灰尘时，他们就会想回到现实中来。"

争论了没有多久，该中心的自相矛盾的目标已经使两名美国人、一名瑞典人、一名挪威人和一名智利人辞职不干了。他们抗议法国为谋取工业私利而阻碍了援助第三世界的任务。已经辞去该中心总工程师职务的麻省理工学院教授西摩·佩帕特（Seymour Papert）抱怨说，政治因素已经妨碍科学目标，该中心成为解除法国经济危机的工具。他还声明法国并不像它公开宣称的那样，以慈悲之心和崇敬的态度对第三世界提供新技术，而是采取新的殖民主义做法。

该中心面临的最大问题可能仍然是经费问题。它庞大的预算令人想起玛丽-安托纳特（Marie-Antoinett）谚语中的大饼。在法国大学里计算机科学系已经饿得说不出话时，法国政府却优先拨款给电子计算机科学家和工业家，让他们负责执行法国的伟大计划，期望法国因此而占据计算机和电子方面的世界领先地位。许多人认为密特朗对妨碍科技开发节约计划的批评是"放空炮"。

暂且不管经费，仅从技术角度来看，法国的伟大计划与日本计划比起来是小巫见大巫。但是它也有一般古典法国的味道。法国一位不管部大臣负责指导法国进入自动化和计算机化的新经济体制。法国人以为在新体制下能减少每周工作时间，但这会引起工作任务的矛盾。在工业社会中，工作人员的工作不饱满，就会无聊，惹是生非，转而酗酒、犯罪和吸毒。这位部长还要负责处理这些社会弊病。那他怎么能指导新经济体制的工作呢？更具有法国古风的是，法国人也经常在用词上争吵，还互相威胁要采取法律行动。和英国人一样，他们虽然知道自己国家的经济前途，但能否改掉喜爱无谓乱争的毛病，还要拭目以待。

七、 知识竞赛的进与出

从新加坡到爱尔兰，许多国家的政府都突然觉悟到信息技术在未来经济增长中扮演的重要角色。

例如，新加坡传统是为人民寻找有利可图的生意，政府经常作为冒风险创业的资本家，以筹资开办新企业，这种做法保证了这个小国的繁荣和独立。新加坡政府认识到计算机系统中，软件的附加产值很高，所以就大力提倡软件产业。软件除了有高利润之外，它并不需要进口原材料，工厂就在头脑里，这对这个连水都要进口的国家来说实在是太好不过了。

为了起步，政府筹资建立了三家软件公司。为了培养人才，新加坡派出最聪明的年轻人到美国的研究院去。他们回来之后，就到其中一家公司进行在职的集中训练。这三家公司都参加了有一亿美元经费的新加坡政府计算机化计划。这些年轻人必须完成在职训练；然后要协助政府对其他年轻人进行培训。作为政府机关，新加坡国家计算机局不仅监督这三家软件公司，还负责实施这个计划。

爱尔兰也认为信息技术值得大力发展，而对在本国建立的计算机公司采取慷慨的免税措施。政府还以优厚的条件为这些公司输送年轻的工程师。政府相信随着从事这种无烟技术就业人口的增加，对这种职业训练所作的任何投资都会使效率增加，因为这些新技术就是未来的核心。

联邦德国的利多富（Nixdorf）计算机公司于1981年秋天派了一名观察员参加在东京召开的第五代计算机会议。他回国之后，高度评价日本有可能达到野心勃勃的目标，认为他的公司也应考虑步入这个领域。但是联邦德国行动保守，虽然在他们的大学里人工智能研究在持续，但是政府却不想采取主动措施来对付日本的竞争。

欧洲共同市场建议实行一项"欧洲信息技术研究战略计划"，该计划要求共同体国家以合资方式在微电子、机器人、高级生产技术、人工智能及软件工程等方面进行合作。但由于各国之间意见不一，看来无法实现。

最后，四十岁以上的人都对苏联的情况感兴趣。自从苏联第一个发射人造卫星以来，有人警告西方人，苏联每年有多少工程生力军从大学里出来。这些人从小就接受微积分和其他技术课程训练，然后就热心于超越微积分，超越工程师，最后超越西方这些笨蛋。但是，1982

年夏天看到苏联设计和装配的导弹在黎巴嫩的拙劣表现，看到苏联敷设通往欧洲的煤气管道所遇到的技术问题，人们不禁要问："那些生力军哪儿去了？"

当然，他们没有死。即使他们所受的教育不像前面吹的那样，苏联人也不能说都是笨蛋。只是僵硬的政治和经济制度会扼杀人的脑力，苏联计算机的发展充分说明了这一点。

早些时候，在十分困难的条件下，苏联的计算机科学家看来还是十分优秀的，他们没有西方先进的硬件，但却设计出了高明的程序。但是，人工智能研究却一直没有跟上来。费吉鲍姆很早就在观察苏联计算机的发展，因此他特别了解苏联的人工智能情况。于 60 年代他曾两次去苏联，发现他们的人工智能不值得一看，令人不感兴趣。

苏联在 50 年代末和 60 年代初为了鼓励科学研究，进一步开发新技术，在西伯利亚建设了一座新的科学城——新西伯利亚。最近，一名替多家报纸撰写文章的华尔街新闻人员去该城访问，发现苏联科学界与工业界之间几乎是各行其是：科学以自己抽象的方式进行研究，即使研究停止了，也与工业无甚影响。

在苏联科学中，政治考虑仍起着重大作用。不但某些科学领域一会儿得宠一会儿被打入冷宫，就连有些科学家决定自己生活道路时也总是顾虑政治威胁，例如遗传学和控制论曾因为被看成反马克思主义而被禁止，现在又在政治上被接受了。又如一位波兰科学家记得父亲曾谆谆告诫他，千万别踏入会被政府抓到把柄的领域，因此，他现在研究极抽象的数学,他也同样告诫自己的儿子。

新西伯利亚的计算机研究所宣布已开发出工业自动化用的计算机和程序。但是,大部分工厂设备十分陈旧,根本不能用计算机控制。苏联自己预计到 90 年代时,工业可以广泛采用计算机控制。但由于苏联在意识形态上反对"推销"活动,科学家只好自己走出实验室,一家一家地说服工厂试用新方法。因此这个目标肯定不会按期实现。[①]事实上,一个中央计划经济,应该由于能迅速和准确获取信息而受益,但是在设备更新上却反其道而行之,这真是一个讽刺。

据美国人推测,当苏联靠自力更生发展不起来时,就会到国外去"偷",特别是"偷"那些与武器装备有关的东西。如果在市场上买一些用过的设备,这并不难。然后拆开,进行分析、仿造,这对于瞬息万变的计算机市场来讲可能太费时间了。但对苏联来说也无妨(从日本计算机工业受美国 IBM 产品影响来看,日本也是这样干的)。实在搞不到时,就采取间谍手法。对于被偷一方,安全措施是必要的,但最好的保护办法是取得世界领先地位,这也正是日本人急于想做到的。

本章叙述了几个国家针对知识新时代和日本第五代计算机的挑战所采取的态度和措施。我们一开始就声明,要参加这场竞争不仅需要技术实力,还需要明智的思想、卓识的远见和顽强的意志。这会促

---

① David Brand, "Soviet Science Serves Industry Badly as Lines of Authority Cross," *Wall Street Journal*, September 3, 1982.

使一个国家勇于承认不足，制定切合实际的目标（通常认为是更有节制的目标，而这里指的是更有远见、更加宏伟的目标），就能激发起不畏艰难、顽强奋战的意志力。

我们分析过，大多数国家都不是技术问题，而是因掌权人物眼光短浅、看不见长远利益所造成的。英国，甚至法国政府已经承认不能光靠搓手、否认以及其他形式的自我欣赏来对付日本的挑战。这一点比美国好。虽然美国政府里不乏真正了解情况的人，但是由于短视、自鸣得意和惰性混在一起，很可能像钢铁、汽车和消费类电子产品一样，再一次输给日本人。到那时，我们真的要问："我们这些人的聪明到底何在？"

第六章　美国的响应

一、IBM 与人工智能

在 1981 年 10 月召开的第五代计算机会议上，与会代表对日本的规划发出了各种各样的忧虑之声：有些人对这项特定的计划提出反对；有些人对人类是否有能力使社会机构转向新的需要提出质疑。到会议最后阶段，在由美国、英国、法国及日本的代表进行综合讨论时，重要的问题即使没能得到解决，但看来都已提出。

会议的主持者，东京大学的元冈达教授注视着各位代表说："我们有许多问题想请教诸位，今天在座的有许多是企业界的代表，特别有许多来自美国企业、包括 IBM 的代表，不知各位是否愿意对此作出一些评论？"

IBM 代表团团长赫伯特·肖尔（Herbert Schorr）站起来答道："我们十分荣幸受到邀请。正如其他人已经表示的那样，我们对你们计划的开诚布公和详尽透彻留下了深刻的印象。我认为你们自己所作的一些评论已对整个情况作了很好的概述。这是一个很有远见的规划，我认为你们做了一项很重要的规划，而且，你们和渊一博教授对规划中的某些问题作了说明。你们已在规划的基础研究方面有了一个起点，我希望这是一个很好的方案。正如我们在会议中所听见的，在日立和富士通代表多次重复的某些谈论中，可以看出制造厂商倾向于比较保守的态度，但我本人来自研究部门，所以我还是比较欣赏你们这项规划所具有的进步性。正如前面有许多人一再指出的那样，我也认为这个尚处于基础研究阶段的规划的风险极大。我想有许多事情会取得成功，但也要为某些事情会失败而作好准备，我们应该有所预见。我期待着在一两年内，在你们准备提出某些成果时随时来日本，将高兴地看到你们所取得的成果。"

这段话几乎没有什么实质内容，代表们费了好一会儿才揣摩出这段不着边际的话。然后，位于马萨诸塞州的数字设备公司（DEC）战略规划部经理布鲁斯·德拉基（Bruce Delagi）站起来发言。

"你们多次问及我们的意见，费吉鲍姆教授也提到 DEC 公司目前正在把专家系统应用于内部工业。我既不代表 DEC 公司的意见，也不代表里根总统的意见，这里我只是谈谈个人的一点见解。我十分钦佩该规划的组织，它有清晰的目标和检验点，而更重要的恐怕还是有远见，它可使许多人齐心协力地投入到这一项宏伟的事业。纵然我来自一家制造厂商，我也为这个目标的雄心壮志感到吃惊。我认为即使取得部分成功也具有重大意义。"在发言结束时，德拉基建议日本人尽快在专家系统中获取更多的经验。

上述两个发言的差异，实际上就是美国两大计算机制造厂商对待人工智能态度的差异。DEC 不仅热心于人工智能，而且它本身就是人工智能的用户，它长期以来跟美国人工智能团体关系密切（因而跟各学会的计算机科学界的关系一般也较密切），而且双方获得很大收益。相反，IBM 虽在某种情况下一度稍有支持，但总的来说，它长期以来对人工智能的整个学科持公开怀疑的态度。其实，人工智能是不可抗拒的发展趋势。

IBM 最大的研究中心，约克敦·海茨实验室（Yorktown Heights Laboratory），即使不能说它对人工智能持有敌意，至少也可说成是吹毛求疵。IBM 以前所采取的销售策略是：决不要让人们认为计算机可以具有智能，以免万一引起用户神经紧张而停止购买产品，这个销售策略已僵化成了公司的教条。前几年，IBM 对人工智能领域作过几次小规模的出击，费吉鲍姆本人至少被两个任务组约见过，他们每次回到研究总部都摇着头说：人工智能没有受到认真对待。

对 IBM 一些老资格人士来说，他们曾在人工智能领域中作过一些改革和探索。人工智能最初几个成功的程序，都是由 IBM 公司开发的。1956 年在达特茅斯学院（Dartmouth College）召开的第一次人工智能会议上（就是在这次会上为该领域选择了人工智能这个术语），四位发起人之一是纳撒尼尔·罗彻斯特（Nathaniel Rochester），他当时任 IBM 波基普西（Poughkeepsie）实验室（即约克敦·海茨实验室的前身)的研究部经理。罗彻斯特把在会上得来的思想带了回去，并把它传给了刚进入 IBM 公司工作的赫伯特·格伦特（Herbert Gelernter）博士，后者把这种思想变成了一个成熟完整的计算机程序，该程序证明了一些平面几何定理，当时着实令人惊叹不已。

达特茅斯会议的另一位参加者是阿瑟·塞缪尔（Arthur Samuel），他当时也在 IBM 的波基普西实验室工作，但他就在 1956 年那一年去欧洲，成了一位计算机智能的巡回收集家。塞缪尔开发了一个下棋程序，该程序的下棋水平很快就超过了塞缪尔本人，在 1961 年，该程序还跟锦标赛选手下过棋，而且每下一次都有进步。塞缪尔就把他的下棋程序作为参观欧洲各实验室的入场券，从而使他有机会分享这个对 IBM 来说已完全不感兴趣的课题的研究进展，同时，他也学到了欧洲计算机方面的许多新东西。

亚历克斯·伯恩斯坦（Alex Bernstein）也参加了达特茅斯会议。他劝说 IBM 应用科学部的上司，允许他把计算机时间用在研究下棋程序上。IBM 最初同意了伯恩斯坦的要求，因为他们希望，一旦他获得了成功，就可说服商界的高级职员，计算机甚至能用来解决商业难题。事实上，伯恩斯坦最终成功地编写出了质量不错的供初学者玩的程序。《纽约时报》、《生活》杂志、《科学》杂志（Scientific American）很快就为他广作宣传报道，这一下却使 IBM 股东和管理部门都受不了了。于是，IBM 下了一道不再研究人工智能的禁令，并还指示推销人员大力宣传这个概念：计算机只是大、哑、快的低能者。

二、 资产阶级的谨慎

　　大公司跟大的商人家庭没有什么两样，他们的言行举止完全象征着中产阶级的价值观和道德观。在通常情况下，他们慢慢地变化，沿着可预测的连续统一体稳步前进。他们是缓慢地成长，而不是出人意料大幅度地发展。在冒险者看来，他们似乎满足于自己的社会地位，但这正是他们得以长期生存的原因。

　　在 80 年代初期，IBM 是各公司中最突出的中产阶级，它的发展史甚至可以说是一部鼓舞人心的长篇家世小说。除了少数参与 IBM 卓越的硬件生产和组装技术的技术人员以外，没有人会说该公司特别富于创新精神。它只是一条平稳的大街，规模中等，还过得去，不爱争论，不怎么惊人；它给人的印象是稳定而不是出其不意。

　　在开发计算机新产品中，人们普遍相信 IBM 故意要跑第二，让别人在新技术中摔跤受挫折，而 IBM 只是在新技术成熟之后才动手；只是它能保证提供称心合意的极好服务（包括撰写得很好的描述软件功能的文件及如何使用软件的文件）；以后只是在不断访问用户，直到产品稳定可靠以后，IBM 才愿意推出它的产品。更重要的是，IBM 始终坚持兼容性：一台 IBM 机器上的软件可以在另一台 IBM 机器上工作。虽然这项政策使计算机专家开玩笑说，外面是 1953 年的老爷机器，但只要深入看到内部的程序，你就能发现里面是最新的机型。当用户从功能较弱的机器换用到功能较强的机器时，兼容性可使他们节约几百万美元的软件费用，顾客对于为他们省钱的公司永远表示感激和忠诚。

在 IBM 审视他的竞争者时，总是注目那些与其酷似的小公司，用计算机界人士的习语来说是 IBM 和七个矮人，IBM 认为挑战来自七个矮人，而它则会选择有利时机，并运用它的巨大资源去对付他们的挑战的。

超级计算机市场就是这种保守主义的例子。虽然意思相反的谣言就像春天的花粉那样到处传播，但 IBM 至今还没有推出自己的第四代计算机，即所谓的超级计算机。超级计算机有惊人的能力，每秒钟能执行一亿条指令；更重要的是这种机器已有少量的并行处理能力，这意味着有时候它们能以并行方式执行许多类似的操作，而不是前三代计算机采用的顺序处理。这种机器的容量极大，以至实际上需要一些小型的卫星计算机来帮助其输入输出处理，而它的结构也为大规模数据流问题提供了多种解决方法。

销售超级计算机的公司有克雷研究公司（Cray Research，Inc.，机型为 Cray-1）和控制数据公司（Control Data Corporation，简称 CDC，机型 CYBER-205），伊利诺伊大学（University of Illinois）和宝来公司（Burroughs Corporation）已做出第四代计算机的实验样机，但现在已被拆除。IBM 把这个领域留给克雷公司和 CDC 公司，还留给正在努力发展超级计算机的日本,因为 IBM 判断超级计算机的市场极为有限。事实上,到 1982 年夏天,大约只有五十台超级计算机在石油公司、英国气象局(U. K. Meteorological Service)、洛斯阿拉莫斯科学实验室(Los Alamos Scientific Laboratory)和其他类似的计算机大用户中运行。[①]

人们可以争辩说,超级计算机在 80 年代初期所占的位置相当于第一代计算机在 50 年代初期所占的位置。那就是说,它们的价格昂贵(1 000 万到 1 500 万美元),功能太强,以至只有几个非常特殊的用户才能买得起并会使用它们;还必须补充,到 1953 年底,第一代计算机的前景就已非常不妙了,当时有十三家公司制造计算机,IBM 和雷明顿·兰德公司(Remington Rand)因总共有九个计算站而居领先地位。三十年后的今天,与 50 年代初期大型计算机性能相近的机器(但体积极大减小,价格极大降低,而且使用非常方便),正销售给急切需要的家庭消费者。人们必然会提出,今日的超级计算机是否会走相同的道路,时间是否也需要三十年。

IBM 似乎仍然无动于衷。假如美国公众对超级计算机有了胃口,它仍有足够的时间进入市场。IBM 始终遵循保罗·马森(Paul Masson)的研究和销售理论:"在时机尚未成熟时,我们不应该从事研究或进行销售。"如果说,IBM 对类似超级计算机这种国内成熟的技术

[①]　*Scientific American*,January 1982.

(纯粹是人人皆知和喜爱的冯·诺伊曼机器的发展)尚且采取保守态度,则它对日本开诚布公的提议采取冷漠而又得体的态度就不足为奇了。

日本人在第五代计算机方案中所建议的计算机是新型的,它与IBM赖以生财的机器完全不同。更糟的是,日本人泰然自若地把他们提出的机器称作为人工智能机器。美国的弗里顿(Friden)、马尚特(Marchant)、康普顿密特(Comptonmeter)等几家大的计算机公司,由于没有认清崭新的计算机技术的价值而垮了下来,记住这个教训是很有教益的。

一些情况表明:如果 IBM 的保守策略为它忠诚的顾客省了钱,那按 IBM 有意放弃新市场的角度来看,其代价有时显得太过分了。例如,IBM 多年轻视小型计算机,把小型机市场让给 DEC 公司,直到 DEC 因销售小型计算机大赚其钱,它才醒悟过来;在 IBM 最后决定进入个人计算机市场时,苹果公司已在这个领域里奋斗多年;在 IBM 大摇大摆地闯入办公室自动化领域时,许多小公司已在其中冲锋陷阵了好久;IBM 很晚才推出机器人,而且还必须跟一家日本公司合作;IBM还作出了完全不进入袖珍式计算器领域的决定。

这并不是说 IBM 就没有自己的创新思想。在跟 IBM 研究人员私下谈话时,他们会声称在 IBM 许多实验室里的研究工作是头等的,但是 90% 的美好思想都在实验室里打转,而没有被开发成产品,这就是说,IBM 公司本身也存在着从研究到开发的技术转移问题。

所有这些都肯定是资产阶级的保守、谨慎和因袭的特征,但资产阶级也有它的魅力。

一位 IBM 的前高级职员(他是少数几个离开 IBM 这个慈祥大家庭的人之一)回忆道:他在 60 年代第一次代表 IBM 访问日本时,他对东道主为他们举行的丰盛酒宴留下了极为深刻的印象。每位来宾哪怕只呷了一口酒,其身后的年轻女士就马上会给你再斟满。结果,那天晚上醉醺醺的气氛越来越浓,渐渐放松警惕的来宾无法估计喝了多少酒。当东道主判断来宾已有醉意时,话题从社会杂谈突然转到实质性的问题,即 IBM 最新、当然也是最机密的技术难题。这种策略大概是人类竞争中惯用的一种花招,它跟最悠久的花招一样,至今尚未失去它的功效。但 IBM 的这位先生在第二次宴会后就领悟了这一套。在这以后,他就利用他那西方人魁梧的身材跟瘦小的东方主人在宴会上拼酒量,然后反过来套问对方的机密问题。

1982 年夏天,在美国和日本之间爆发了工业间谍的大丑闻时,日本刺探的目标是 IBM,而不是硅谷狂热的上流社会中的哪家公司。他们或许有下一周或是明年的秘密,而没有十年后的秘密,但有人认为就从最基本的资产阶级价值观来说,也值得为这些公司付一笔钱。

急于得到(或想方设法得到)IBM 情报的不只是日本人,IBM 的周围有许多专业观察员,甚至包括克里姆林宫、北京和华盛顿,他们的目的完全相同:从各种来源进行推测这位众所周知的大亨打算做什么，然后把这情报卖给顾客。这些专业人员声称他们并没有干什么违法的事，但他们承认采用不寻常的方式来获取机密情报：如从一则招聘广告来推断出 IBM 要进入一个新的通信领域，或从研究、分析 IBM 的科学杂志中判定其技术动向。如果运气好的话，常常可从这些刊登的消息中得到一些安慰奖，因为这对其他公司决定舍取某项项目起一定的作用。①

IBM 在计算机界处于支配地位。它的可信赖性和服务质量在这狂乱的世界上令人欣慰。又有谁能指责它的策略呢？例如，当它在1981 年最终决定进入个人计算机领域时，仅仅是在第一年，它就夺取了 17％的个人计算机市场。另有迹象表明，IBM 由于人们把它的形象作为美国工业与日俱增的保守主义的象征而感到不安，一位易怒的老资格的 IBM 副董事长对《华尔街日报》记者抱怨说："我已十分厌倦有关我们的技术优势正在日益丧失的论述。"但杰克·库赫勒（Jack D. Kuehler）的话被引述为："就我所知，我们在技术方面没有落在任何人的后面，而更重要的是，我们的技术领先正在增长而不是在减少。"②

一阵轻微的笑声从最初七家矮人公司中的幸存者的实验室和董事长会议室中传出，但在笑声中带有一点紧张的味道，这种紧张并不

① *Wall Street Journal*, July 23, 1982.

② James A. White, "IBM is Aggressively Claiming a Widening Lead in Technology," *Wall Street Journal*, July 30, 1982.

是因为 IBM 否认其中产阶级的麻木，而是由于他们看到了来自太平洋彼岸的使人伤脑筋的问题。

三、 美国今天已衰弱无能

在第五代计算机会议后不久，就有几家矮人公司表示，不管 IBM 的态度如何漠不关心，他们自己要认真关切日本人新的创新精神的含义。费吉鲍姆以及其他参加东京会议的人应邀到全国各地进行访问，向同行们发表演说。

麦考黛克现在已是人工智能领域中的一名老手，她记得还在人工智能出现在任何一家报章杂志之前，人工智能的公正地位已在金融版上引起争论，它的应用已在新闻报道中和商业杂志上广泛地详细介绍过，它的英雄形象被似是而非地描绘成圣徒。由于她有任何老手所共有的兴趣、偏见以及偏爱，她想深入了解这些报告的有关情况，而决定自己做一番真实的考查，她恰好选择了一家中型矮人公司，为了便于叙述，我们用多佩（Dopey）公司这个假名。

麦考黛克对费吉鲍姆被邀请到这家公司讲演感到有点迷惑不解。第五代计算机会议的会议录现已被尽快地从复印机里大量复印出来，而更有意思的是，第五代计算机规划的名誉首脑元冈达教授在一两个月以前刚在这个实验室做过报告，现在还有什么要说的呢？但人们普遍觉得元冈达所介绍的令人费解，大多数技术人员中途退场，他们确信连日本人也不了解他们自己在说些什么。然而，少数几个人在详细研究了日本报告后，认为尽管元冈达教授说得晦涩难解，而东京那件轰动的事件仍然值得担忧。总之，邀请费吉鲍姆是来鼓动、解惑和释疑的。

费吉鲍姆上午作正式报告，第一部分解释专家系统，第二部分解释日本第五代计算机规划的方案。全场鸦雀无声，听众们专心致志地听讲，只有当某些技术细节打动了他们的心弦时才喘一口气，例如日本人 1992 年的目标是制造出每秒能执行一亿到十亿条逻辑推理（LIPS）的机器（而现在的计算机仅能处理一万到十万条 LIPS）。但是，当提到日本人预期他们自己研制的计算机要成为 90 年代的核心计算机时，当提到日本人希望其他人也能毫不费劲地从老式计算机转到新式计算机时，人们都沉默不语了。

在报告结束时，费吉鲍姆开始自问自答他经常提出的一个问题，面对日本人这种摆出架势的挑战，我们美国人能够采取一致行动吗？他自己回答说："我并不乐观，我们口头上说的是反托拉斯，实际上也是一个竞争激烈的国家。反托拉斯已渗透到我们的骨骼肌体，它已成为我们的道德观，而日本人却懂得合作的重要性。"他还继续说：其实，我们也有不少这样努力的例子，把人送上月球的阿波罗计划就是其中很好的一例。

现在该是听众们提问题的时候了。有人想知道美国政府有何行

动,费吉鲍姆回答说:没有,政府中很少有人把它当真。又有人问 IBM
有何行动,费吉鲍姆回答说:也没有。听众们哄堂大笑。

其余的问题都很相似:气愤、绝望、好奇,甚至幽默。有人后来把
当时的情景形容为是绞刑架下的幽默,麦考黛克认为这个比喻相当贴
切。但看来还尚未涉及实质问题。下午是非正式会议,主要是进行讨
论座谈,麦考黛克希望情况会有所好转。

但是,下午的会议还是令人沮丧,没有多大效果。虽有些热心的
聪明人真正理解这个问题,看到了对他们工业的威胁,希望能抓住这
个可能会错失的良机,迎接日本人提出的这场挑战,但他们似乎感到
有些为难。另一位应邀的来宾私下向她愤愤地说:"这就好比是匆忙
拼凑的问题、乞求于权宜应付的回答,或者说是处于昏迷中的病人。"
她不能不同意他的看法。

有人提出可在各工业部门间成立一个小组,这样或许可以做些事
情,但这家公司的总工程师并不表示乐观。假如竞争和保密还没有深
入人心,他们必然仍会担心反托拉斯法。

费吉鲍姆提出把斯坦福大学作为中立区,这样可以使工业界的知
识和学术界的知识在这里得以汇集。得克萨斯仪器公司和 DEC 公司
虽然都很重视日本符号推理机,但它们两家愿意在斯坦福大学合作
吗? 惠普公司信任 CDC 公司吗? 霍尼韦尔公司的态度又是如何呢?
再说,工业规划会侵犯学术自由吗? 钱又从哪里来? 没有一家公司能
像日本公司那样,从通产省拿到经费,然后再花在长远规划上。谁都

能看到问题，但谁都提不出解决问题的办法。

会后，麦考黛克租了一辆丰田汽车，驱车回到机场。途中，她听到一首流行歌曲："情况肯定不景气，在汽车洗擦处，穿蓝布制服的人，低着身，头脑昏，还得干。"她觉得这恰似美国未来的景象。在飞机上，她坐在一位日本麒麟啤酒公司代理人的旁边。终于到了纽约，她给丈夫打了个电话，希望他还没有吃晚饭。她丈夫说他正要和一位同事去城里吃寿司。在曼哈顿一位日本寿司师傅的注视下，她一面吃晚饭，一面在默默地想着白天发生的事情。这一切都不大可能吧？或者说，这是否就是一个结束，一个软弱无力的结束，亦即美国世纪的结束？

四、 责怪与反省

感情洋溢而非常乐观的亨利·卢斯（Henry Luce）于1943年宣称的"美国世纪"，在五十年后的今天似乎有提前结束的危险。衰退来得过早，人们不禁会问，为什么美国人的主要事务，即如卡尔文·库利奇（Calvin Coolidge）所说的商业，搞得那样糟？几乎每个人对此都有他自己的主观看法：责怪日本竞争得太厉害；悲叹国内从法律到教育制度的情况太糟，检查我们过去所做的事情和国家的哲学，可发现由于过于强调表面、过于强调当前而有很大欠缺。在这场重要的竞争中，美国看来要遭受失败。但在"责怪"和"真正原因"之间的差异是微乎其微的。本节将试图对这两者加以检查和区别。

近十年来，报纸上的商业版几乎跟体育版的情况差不多，国家队表现一直不佳，他们的名次正在节节后退。

首先是弱项运动：照相机失去了优势；然后是主项运动：如电视机、立体声收录机开始遭到打击；最后甚至于像棒球手套这种美国最拿手的产品也输给了客队。

当钢铁工业和汽车工业拟将举手投降时，已不像什么比赛了。二十年前外国汽车占美国市场的 4.1%，外国钢铁占 4.2%；而今天，进口钢铁占美国市场的 14%，进口汽车占 27%—30%。

一般的美国消费者很难对他们的钢铁工业和汽车工业感到抱歉。购买日本的汽车是因为它们对我们更适用，在我们车库里，丰田汽车驾驶舒适、性能可靠、节省汽油，它不像我们刚处理掉的美国破车那样容易生锈。钢铁是早就存在的问题，甚至它本身的管理人员也不想采取任何挽救措施，也没有哪一位钢铁大王走上电视，告诉人们如果大家再回过头来使用国货，这样事情就会截然不同。与此相反，他们都急于抓住机会，错误地转向经营石油。

在传统的星期一上午体育版上，观察家们把每个情况都再次描述一番，他们告诉我们：一度称霸全球、十拿九稳的超级大赛和世界杯获胜者的美国队屡遭败北，其原因是：

1. 客队虽然只是模仿我们，却比我们做得还好，他们把这些项目的科研经费省一部分下来，用于更好的开发和销售；

2. 美国公司只着眼于短期利益，而客队则同时把眼光放在长短兼顾的利益上；

3. 美国公司一般用定量方法作出决断，这种方法有利于精度分析，但往往忽视了根据经验作出的见识和判断；

4. 客队同时使用由上而下和由下而上的管理方法，而美国的管理当局和劳方在传统上一直互相视为敌人，总想智取对方，而不愿相互合作；

5. 政府法规太多，使自由市场无法发挥正常作用；

6. 客队总是心平气和地或迂回曲折地解决他们之间的争端，而我们总是公堂相见；

7. 通货膨胀正要把我们置于死地。

有些读者或许认为在这七大弊病中，还没有提到关税、贸易障碍、保护主义等因素。而这正如大多数观察家所说的：我们认为随便从哪一方的角度看，保护主义是愚蠢的和目光短浅的，然而，使我们感到羞愧的是美方谈判代表也竟然会讲出这种话来。美国曾最早实行炮舰外交，而现在对我们认为是不公平的待遇却发出极度痛苦的哀号和抗议，使人听了必然觉得奇怪到了极点。如果有一位美日贸易谈判的日方代表，当他跟耍花招的美国人进行了一轮会谈后回到宾馆房间，并回想起当年美军舰队司令佩里袭击江户湾（即现在的东京湾）的情形时，难道不会高兴得放声大笑吗？

五、 他们的技术都是我们教的

"日本人只会模仿，不会创新。"这种论调我们在前面已提到过，有些人至今还抱住这个自鸣得意的神话不放，因此他们认为日本人不可能具有开发第五代计算机所必需的高水平的创新。虽然我们在前面已一般地论述过这个问题，但这里再引证一些具体事例或许还是有益的。

宾夕法尼亚大学沃顿学院的乔丹·刘易斯（Jordan Lewis）教授在研究了美国的经济增长和日本技术之间的关系后，提出了很有说服力的论据：事情纯属态度问题而不是技术问题。就拿消费性电子产品来说，美国公司早在 60 年代就把它们看作是成熟的领域，而日本人却卓有远见。为了适应当时的市场，他们生产出了索尼单枪三束彩色显像管这种优质彩电显像管，但他们的眼光还注视着在未来或许能吸引消费者的东西，他们想到了家用录像机，这也是美国发明的，但因为没有看到它巨大的潜在市场，所以始终未加开发。索尼·贝塔马克斯（Sony Betamax）整整花了十五年时间，经过了四次重大改革，才把它开发成消费产品，日本人还是坚持下来了。索尼的最新成就是称为"随身听"（Walkman）的个人立体声收录机，这确确实实是他们自己发明的产品。①

---

① Jordan Lewis, "Technology, Enterprise and American Economic Growth, "*Science* 215 (March 5, 1982).

　　日本人不遗余力地优先开发计算机和其他电子设备所必需的存储器芯片,当美国和欧洲在奋力研究时,日本人已生产出了既便宜又可靠的 64K RAM 芯片(即 64 000 位的随机存取存储器芯片),并已确定下一代产品是 256K RAM 芯片。在 1982 年初,根据美国惠普公司的提议,在日立公司和惠普公司之间达成了一项协议,即日立公司要向惠普公司提供制造新芯片的技术。这份新奇的协议书的要点是:美国最富于创新精神的惠普公司非常乐意"模仿"日本人。

　　给出这些例子(当然还有许多其他例子)可使我们中间的某些自欺欺人者不再听信"日本是个模仿者"的神话。我们已经注意到日本人自己为这个坏名声感到恼怒,他们现在打算要一劳永逸地去掉它。在第五代计算机规划后面的驱动力之一(但不能过分强调),就是日本完全有决心向全世界表明,他们是有能力进行高水平创新的。

六、 短期、长期和终期

　　日本人取得成功的第二个有魅力的原因是美国公司仅采取着眼短期利益的观点,而日本人是既注意短期利益又注意长期利益吗?乔丹·刘易斯同意指责美国大多数管理人员中的工商管理硕士(MBA)那种紧跟的心理状态。但是,考虑到他们要恰如其分地对付股东和课税机构微妙的压力,似乎不应该指责这些管理硕士,而且抱怨他们也没有多大用处。傅高义说:"日本公司所以能用长期眼光来考虑问题。部分原因是由于他们在较大程度上依靠银行贷款,而不是依靠销售有价证券来满足他们对资金的需要。由于日本股票仅占公司所需资金的六分之一还不到,而美国则要占到二分之一,因此日本的股东几乎无权对银行施加压力,要银行每年给予红利。而银行则与公司本身一样,对公司的长期发展很感兴趣,只要公司能偿付利息,银行就希望继续向公司贷款,因为银行当然愿意把钱款贷给有本领的公司,而公司同样也需要能贷到款的银行。事实上,当能干的公司自己有资金而想用归还贷款来降低成本时,银行还会设法吸引公司继续贷款。"①

那么,日本银行是从何处得到现款,并硬性送到不同的工业家手中的呢? 因素之一是日本的储蓄率达国民个人收入的20％,而美国只有5％左右。这个数字就可转化为四倍的资本投资力量,以及四倍潜在的经济增长加速度。

哈佛大学的罗伯特·赖克(Robert B. Reich)指出了美国课税机构中的许多问题,这些问题对长期开发的目标非常不利。就拿钢铁工业来说,它从1969年开始得到"喘息时机",其中包括了其他保护措施中的课税优惠。但对调整钢铁工业本身结构,使其具有更高的生产率和竞争力,却无人给予课税优惠。这样做的后果是使美国的钢铁工业转移到如石油等其他领域,而不是试图改造老厂、建设新厂或从事新

① Vogel, *Japan as Number One*, p.135.

的研究等等。赖克评论说:"这并不是建议钢铁工业和任何其他处于困难境地的工业必须对原来产品再投资。在竞争较强的工业中搞多种经营,或许是一种更好的调整策略。但是,对处于困境的工业应该帮助进行调整,因为不仅是为了维护公司的整体利益,而更重要的是为了恢复竞争力,它们确实需要帮助。对于接受这种帮助的公司,至少应该要求他们订出将要实行的投资策略,公众也应该有机会决定该策略是否值得支持。"[1]

比较一下日本和美国的钢铁工业如何响应拉丁美洲和东南亚钢铁供应的新挑战是非常有益的,后者具有工资较低、技术水平并不落后,以及原料容易取得等优点。面对这种情况,日本人打算重新调整他们的钢铁工业,把重点从生产大量的普通钢转移到制造新型的不锈钢和特种钢,从而仍能保持他们在钢铁工业中的优势。美国的钢铁厂商则要求实行新的关税率。

最后,让我们再回到关税法。罗伯特·赖克指出关税法可提高资金的流动性,但无助于解决失业工人和公共工程使用不足的问题。因此,当美国公司或工业开始衰退时,美国人不仅要承担夕阳工业少纳的税,还要承担由于这些工业衰退所造成的失业工人少纳的税,这使学校和社会服务一下子忍受不了。赖克说:"至少,调整政策应该保证课税扣除、加速折旧,以及课税优惠不致妨碍工人和社会团体的调整。

---

① Robert B. Reich, "Making Industrial Policy," *Foreign Affairs*, Spring 1982.

或许应该把课税津贴提供给'人力资本'的再投资，并把课税津贴作为更新地方税基数的特别税。"[1]

美国加州大学洛杉矶分校的威廉·大内（William G. Ouchi）在《Z理论》中指出，日本公司高级职员的终身雇佣制使他（可以肯定说总是一个男人）必然去考虑本公司的长远命运。作为一名高级职员，他在公司事务的许多方面都受过精心的训练，而成为通才。相反，美国公司必须应付每年高达 25％的管理人员流动问题。如果美国某公司未能很快地提升年轻的管理人员，他们就会另谋出路，远走高飞。然而，这种方式是鼓励职务上的专才而不是通才。管理人员彼此像陌生人，那么，他们必须在职业上互相依赖，也就是按标准方式处理问题，这种方式会导致官僚主义、僵化呆板、不太敏感和效率较低。[2]

七、 定量法的不足

商业实际上是一门"艺术"，但在美国商学院却只把它当作一门"科学"来教，那么，这是商学院的过错吗？刘易斯认为，美国商学院中所教的定量决策法基本上是反对冒险的，虽然他接着又暗示美国公司

[1] Robert B. Reich, "Making Industrial Policy," *Foreign Affairs*, Spring 1982.
[2] William G. Ouchi, *Theory Z* (Reading, MA: Addison-Wesley, 1981; New York: Avo, n1982), pp.49~53.

实际上是选择了这种反对冒险的传统做法，因为定量法符合公司对社会和经济环境内、外两方面的各种需要。例如，他描述了通用电气公司在 60 年代就用定量决策法进行冒险，该公司当时正在考虑计算机、核发电以及半导体电子学方面的发展机会。"在那时候，根据推测，前两种选择在技术上更趋成熟，有更大市场，因此，比第三种选择更容易确定数量。所以，通用电气公司决定放弃半导体电子学，而大量投资于计算机和核反应堆。自那时以来，它留下了计算机生意，而核电销路下跌，半导体电子学却成了发展很快的工业。"情况大致如此。但是，假如通用电气公司在计算机方面干得出色些，就不会有人再想起它曾经放弃半导体电子学的不明智决策，也不会有人再想起核发电在美国最终出乎意料的、也许是无法预料的失败。

更重要的是，日本学生和美国学生始终肩并肩地在商学院中学习，并且学习运用同样的决策工具，但日本的学生回国后却把它们用于截然不同的社会。

八、 永远要有雄心壮志，永远要朝气蓬勃

现在让我们来看看日本人实行的"由上而下"以及"由下而上"的管理方法。大内的 Z 理论描述了日本管理的形态，它的错综复杂的社会关系与设想，以及它对信任、密切和正直的依赖程度。Z 型公司共

同作出决策，共同享有权利，发展人与人之间关系的技能，提供广泛刺激以支持长期稳定的关系，其中包括稳定的雇用、参与管理，以及具有令人愉快的气氛，这种气氛超出工作场所，并延伸到社交联系。

刘易斯也赞扬这种"由下而上"的管理方式，他指出：虽然重大的创新能够改变一个工业，但大多数改变都由量变到质变，都由点滴变化积累而成，而这些点滴变化就来自雇员，他们在该领域中的第一手经验是至关紧要的。雇员只有在确信自己的意见受到尊重时，才会提出新的思想。

不管美国的"由上而下"的管理方法是否健全，至少"由下而上"的管理方法搞得很糟。早在 1952 年和 1953 年的报告就表明：采纳工人的主意可以提高生产率，不仅电子工业是这样，采煤工业也是如此。假如商学院既教定量法，又教参与管理法，则实际工作者会两者取其一的。劳资双方的历史分歧往往被认为是不能克服的问题，其根源要追溯到 19 世纪始终未能解决的劳资冲突。但是，如果我们来查看一下从那时以来，我们的国际贸易竞争者，我们会发现情况是可能转变的。一个是日本，它本身已从劳动密集工业转化到了资本密集工业，目前，还打算再转化到知识密集工业。另一个是联邦德国，它也在工业管理和政治两方面经历了类似的转变。

美国的僵化决不能完全责怪它的管理阶层。1955 年，当时任新成立的美国劳联-产联（AFL-CIO）主席的乔治·米尼（George Meany），应邀对未来写了一篇极有创见的文章，他在文章中沉痛地指出，所有美国工人想的是金钱和福利，他们丝毫不想在管理委员会中占有一席之地。乔治·米尼任美国劳联-产联的主席一直到 1979 年底，他始终没有改变他的想法和方针。

在东京郊外琦玉县本田工厂内，用英文和日文写着如下标语：

1. 永远要有雄心壮志，永远要朝气蓬勃。

2. 尊重正确的理论，开发新的思想，最有效地使用时间。

3. 热爱本职工作，始终使自己处于工作气氛中。

4. 为协调的工作速度坚持不懈地努力。

5. 牢记研究和努力的价值。

我们要给读者留下一道习题：为美国工厂构思几条类似的标语；高材生可为英国工厂拟定标语；但只有专家才有资格为苏联工厂考虑标语。

九、 聘请律师还是聘请工程师

确实，美国的问题是法规太多。麻省参议员保罗·桑格斯（Paul Tsongas）在一篇文章中提出了一个很有趣的见识："几年前，作为深入参加制定克里斯勒贷款保证法（Chrysler Loan Guarantee Bill）的成员之一，我一小时又一小时地听取美国汽车制造商对这部极为重要的美国法律的作证。除了埃德赛（Edsel）法以外，他们谴责所有的法律，最初我对他们深感同情，但后来我发现日本和德国也有相同的法律。这使我认识到，美国制造商或者知道自己是假装号哭的狼，或者他们是在自欺欺人。我宁愿认为他们是在撒谎，因为如果他们真的相信自己所说的话，那只能表明他们是些鼠目寸光的蹩脚管理人员。"①

某些研究表明：防止污染法使美国从 1973 年到 1976 年生产率的总增长降低了 26%，健康与安全法使之降低了 13%。当然，这些研究并没有考虑工人和附近居民生活质量的提高，甚至更没有考虑这些法律的长期效益可得到完全不同的数字。例如，当某些化学公司竭尽全力与每一项法律作殊死的搏斗时，3M 公司和道康宁（Dow Corning）公司却重新设计生产过程，重视利用原先丢弃的废料，从而使净利增加。但只有 20% 的美国公司选择了这条途径。

日本实施汽车排汽法远在美国之后，但日本汽车制造商却比美国公司先达到由日、美两国共同制定的标准。在钢铁工业中也有类似的情况。

日本的空气质量标准远比美国严格，但又有不少相似之处。然而，日本一旦制定了这些法律，他们靠劝说而不是靠强制；靠消除抵触而不是靠诉讼来实施。

桑格斯参议员还说："1980 年，本田的思域（Civic）三门车未能通过'国家高速公路交通安全管理局'（National Highway Transportation

---

① Senator Paul E. Tsongas, speech before members of the International Business Center of New England, Copley Plaza Hotel, Boston, May 21, 1982.

Safety Administration)进行的时速为 35 英里的碰撞试验，而许多美国汽车都通过了该项试验。美国汽车工业对此反应如何呢？美国公司不是抓住这项试验结果的明显竞争优势，反而以这项试验没有根据而加以反对，他们还去了法院。日本人的反应则完全不同，本田不是聘请律师，而是聘请了工程师。去年，本田思域终于通过了这项试验。"①

十、 反托拉斯法得益何在

日本人在各种场合彼此交谈：在饭桌上谈，在会议上谈，在电话中谈。无论是从隐喻意义上说还是从实际意义上说，他们都共同使用一种语言。他们的文化同质对他们极为宝贵，这种同质受到从政府到民众所有宣传工具的积极培养。

相反，西方人都是异质。一些研究表明，不管思想和背景如何，当人们的信仰、价值观、教育，以及社会地位不同时，新思想就很难传播。如果环境不调和，则会增加因采用并保持创新行为所产生的问题。

美国人则有许多不同。我们往往不是通过交谈来解决问题，而是法庭相见。令人吃惊的是，在过去的二十年中，联邦法庭收到的民事

---

① Senator Paul E. Tsongas, speech before members of the International Business Center of New England, Copley Plaza Hotel, Boston, May 21, 1982.

诉讼案件的增长速度竟比人口增长速度高七倍。我们的社会是一个争论不休的社会,而且这种争论还在有增无减。当美国人仅靠打官司来解决争端时,我们认为就根本谈不上"信任"两字。我们没有国家整体眼光的支持,没有共同利益来弥合我们的分歧。

美国法律事务所很愤慨地抱怨由日本法务省制定的一项冻结律师签证申请的政策,这项政策有效地阻止了美国律师在日本开业。纽约库德尔兄弟(Coudert Brothers)国际法律事务所的一位华盛顿合作人谢尔曼·卡兹(Sherman E. Katz)说:"美国律师不能为在日本的美国委托人服务,这无论对美国在日本投资,还是对日本市场的渗透都是一个障碍。"但是,日本人怀疑我们这种做法是否有益。美国的技术人员和企业家也有同感,可以经常听见他们说:"只要不让律师插手,我们就能办好这件事。"律师受到的训练总是考虑最坏的情况,总是假设对方是坏蛋,采取合法甚至是非法的手段使委托人得到最佳利益。而在实际上,除了律师本人能够得到好处以外,并没有给国家、工业和其他任何人带来什么最佳利益。①

在反托拉斯的名义下,贝尔实验室已经受到了这项法律的威胁,使它不能很好地从事历史上一直很有成绩的基础研究。贝尔实验室一向在晶体管、声音记录、太阳电池、射电天文学、激光,以及一些跟电话有关的计算机创新等方面负有盛名。但是,众议员提摩西·沃思(Timothy

---

① *New York Times*, May 17, 1982.

Wirth)在1982年提出了一项立法，根据这项法规，贝尔实验室只能狭窄地从事跟电话产品有关的研究。尽管这或许会使电话用户在短期内省些钱，但作为美国公民，我们必须权衡电话用户的长期利益。[①]

贝尔实验室的一位高级职员对这个反托拉斯事件作了如下的描述："这是一个罕见的经历。有天早上你醒来时感觉良好，电话铃响了，来电话的是你的医生。你问医生：什么事啊？医生回答说：噢，我还不太清楚，但我想你是病了。你说：我感觉很好嘛。他回答说：我还是认为你病了，最好到医院来一趟吧。于是你来到了医院。医生对你说：躺下吧。你争辩说：我确实没病呀。但医生却坚持说：不，你不仅有病，而且还病得很重，我们要给你动手术。就在他们急急忙忙地把麻醉器放在你嘴上时，你大声抗议道：不！我一切都很好！"[②]

反托拉斯法当然有其目的，但它不应该是国家和工业之间的自杀公约。

十一、 摇摆不定的工业政策

美国严重停滞不前（即使事实上并没有衰退）的一种解释是因为

① *New York Times*, May 17, 1982.

② 所提议的立法至少目前已经撤销。贝尔实验室研究部主任阿诺·彭齐亚斯博士在公众听证会上争论说，即使贝尔实验室的解体可能使美国所有的研究机构不相上下，也必然会使我们落后于日本。

通货膨胀的缘故。人们认为，由于通货膨胀使未来难以预测，花多少钱搞研究开发都无关紧要，因为没有人会把研究成果转化为生产力。乔丹·刘易斯指出，美国工业界用于基础研究的开发经费随着通货膨胀率的升高而减少，至少过去二十年的情况是如此。此外，较高的通货膨胀率还影响资本投资，因为设备更新的费用随之大大增加。通货膨胀也许是华尔街要求短期利益的幕后坏蛋。1973—1974 年的能源危机只是扩大了原来就已存在的习惯做法。

假如我们能一劳永逸地消除通货膨胀，假如灵丹妙药跟普通治感冒的药一样多且一样有效，那该有多好。此外，1982 年，在里根执政期间，通货膨胀率一度发生了引人注目的下降，但丝毫没有迹象表明这种下降对真正紧要的问题会产生重大影响。现已看出，通货膨胀虽然是沉重的负担，但它似乎仅仅是美国非常缺乏工业政策而引起的各种问题的替罪羊，不管是夕阳工业（如钢铁和汽车工业）还是朝阳工业（如电子工业）都是如此。

例如，赖克认为我们之所以败给日本公司，可归于我们不愿意抛弃"自由市场"的思想意识，不愿意抛弃对规划的恐惧，不愿意正视我们自己的问题：即我们缺乏稳定的工业政策。

我们奉行的是自由放任的自由市场教条，而欧洲人和日本人则奉行的是与之完全不同的自由贸易政策，我们不必为此假装吃惊。理由很简单，西欧和日本的情况跟我们不一样。

当然，正如每届国会证实的，完全自由的市场只是一种幻想而已。

我们提供津贴，帮助他们摆脱困境，顽固地玩弄课税法的花招，所有这一切实际上都是对所谓"自由市场"的嘲弄。用罗伯特·赖克的话来说，"因为政府和企业都不能承认彼此的亲密关系，双方都把过于亲密看作是不正当的事，必须对外隐瞒，因此，凡对促进调整两者关系的各个方面，在制度上就不赋予其合法性"。

但是，当我们的自由市场妄想搞垮符合他国国情的自利政策时，我们只知道如何要求保护，人人都同意能有短期利益已很不错了。

赖克建议，采用"有计划的调整"来代替保护，政府、劳方和企业界的共同努力，必然会使国家经济从夕阳工业较好地过渡到朝阳工业。这种协议已在日本和西欧使用，他们根据合同办事，各方事先就同意在合同中对工业资源作某种转移。这种协议把工业调整跟工作人员和社会的调整拴在一起，共同分担各种转化所带来的社会费用。①

日本人并不是天使，但他们能以某种方式说服劳资双方，在短期目标之外考虑更长远的目标，最终对大家都有好处。大内在Z理论中清晰地描述了日本人是如何干的，他认为其中并没有什么神秘的事情。他们就是有一套调解的结构：交谈，交谈，再交谈，在双方之间建立起彼此的信任。每个人都有这样的观念：凡深深有害于一方的，最终会有害于双方，而大目标却能使双方取得一致意见并共同为之努力实现。

---

① 帕特·乔特在最近一份为国会准备的研究报告"重组美国劳动力"中说，缺乏重新训练替换工人的全国性策略是美国经济高涨的主要障碍。该报告预计不久将失去1 000万至1 500万工厂职位和相等数量的服务职位。

　　美国人认为,日本公司播放公司歌和给大家打气的话,上班穿公司制服,这实在土气得几乎让人感到难为情,而我们则认为自己已超越了这个阶段。我们的校歌和国歌不也很土气吗?但由于它们激发了我们崇高和珍贵的感情,以及触动了我们的归属感而能催人泪下。这正是扎根于日本企业中的精神。

　　乔丹·刘易斯的结论是:"美国的企业、政府机构、个人和其他方面已越来越依赖于用章程和法规来支配互相之间的关系。但是,我们为互相保护而制定的许多规章,掩盖了我们的共同利益,也阻碍了为取得这种共同利益所必需的合作。因此,在政府和私人之间采取措施以减少冲突,并建立起彼此的信任,都可能对我们的经济进步作出重大的贡献。"①

　　并不是只有夕阳工业才有这些问题,即使朝阳工业也需要有国家的整体政策。人们一定会感到吃惊。美国 30％的研究开发经费是由五角大楼提供的;在不能马上投入商业应用的研究中,经费总数的三分之二以上是由政府提供的。即使是在工业部门的实验室内,管理人员也在哀叹无法把技术从研究成果转化成商品,因为我们缺乏把基础研究转移到开发的系统手段。有人会争辩说,我们还缺乏资金,这里有必要再强调一下,问题的解决要靠对课税法作卓有远见的调整。城市公债免去所得税,因为城市公债可视作社会的需要,否则就会对投资失去吸

————————
　　① Lewis,"Technology, Enterprise and American Economic Growth," *Science* 215 (March 5, 1982).

引力。那么，工业界的研究开发公债为什么不能照此仿效呢？

五角大楼的支持是慷慨大方的，有时相当开明，这一点我们在下面还会进一步谈到。但是，国防目标和商业目标完全不同，美国国防部无需关心美国工业界的竞争。使人恼怒的是，五角大楼的计划往往过于短暂，而且易受政治风云的影响，这种做法对创新产品的畅销既是危险的，又是背道而驰的。

相反，日本通产省则允许并鼓励（对第五代计算机几乎是强迫）公司在特定的基础研究规划中合作，但这项基础研究一旦完成，通产省就坚持在销售方面靠各家公司自己竞争。

美国就没有像日本通产省那样的机构，来负责搜集世界市场趋势、贸易伙伴的竞争策略，以及各工业的长期展望等方面的详细情报。当然，我们也有我们的实际情况，美国的夕阳工业和朝阳工业两者都很难守口如瓶，特别是由于美国公司往往根据出其不意而不是根据长期投资和销售行事。但正如证券分析家指出的，不管怎么说，情报是必须搜集的。遗憾的是，美国商业部却没有类似的部门。日本通产省除了搜集情报以外，还起到特殊利害关系论坛的作用，讨论对付共同的问题，达到长期解决的目的。而美国人则往往以法庭相见告终，这样做既花钱，又不可能得到令人满意的长期解决。

正如赖克断言（这已成史话），这并不是说我们对转变可以有所选择。我们现在拥有的选择仅是如何调整这种转变，因为这样的选择比其他的选择更容易、更合理和更有效。

在一定程度上，我们都知道是有国家利益这回事。不幸的是，我们似乎对此感到最合适的思想典范就是所谓的"国防"，政府从修建高速公路到教育的每一笔开支都能文过饰非地说成是国防的需要，以防止可怕的外来威胁（如苏联人造地球卫星、北部湾、导弹射程、易受攻击的窗口或其他更严重的威胁）。

五角大楼的一位官员对费吉鲍姆说："只要你能提出一种很好的国防应用作为理由，我们就可拨经费给美国第五代计算机规划。"我们当然可找出第五代计算机非搞不可的国防需要的理由，但是，我们还有其他不少非搞不可的理由。

十二、 国家无眼光，民族会衰亡

对于花朵般的儿童和其他没有经历过 70 年代那场席卷全球的经济衰退的人来说，日本传授的训诫必定有点可怕：勤奋、学习、实用、义务、责任、服从、爱国，以及好强求胜等等。在通常的讲话中，文斯·隆巴迪（Vince Lombardi）的话被错误引述为："胜利并不是一切，但胜利是唯一的目标"，已成为日本贤人的思想，我们倒是希望他这样说。事实上他说的是："胜利并不是一切，争取胜利才是一切。"

日本人仍然坚信要努力工作，我们在不久前也是这么认为的。托马斯·爱迪生（Thomas Edison）说"天才就是一分灵感加上九十九分勤奋",在我们的诗歌和格言中都把这句话奉为神圣;埃德加·格斯特（Edgar Guest,有人认为他的诗虽然被引用得最多,然而他却是美国最糟的诗人）写下了下面这首鼓舞人心的诗句:"有人说这做不到,但他笑嘻嘻地回答道,这或许做不到——但我争取要做到,在劳累之时谁都会这样说道。"每个人都曾被这几句诗感动不已,即使到现在仍对我们有所鼓舞。

我们允许某件事失败,却不知如何予以补救。每个人似乎都明白,世界正在起着变化,却好像没有一件事情在催促我们随之而变。我们只是在摆出引人注目的姿态时,在遭到危急的威胁时,或在大祸突然临头时,才会彼此齐心协力。

IBM 总经理兼董事长约翰·奥普尔（John R. Opel）在 1982 年春末作过一次报告,他详细叙述了美国凄凉的困境,他举了下面的例子:过去二十年的事实是,对大专院校新生所作的学生能力测试表明,语文和数学两门功课的平均分数共下降了九十分。在美国,一半的高中生到十年级才有数学课,只有六分之一的初中或高中开设科学课程,只有十四分之一的初中或高中开设物理课。他对美国的暮气沉沉悲叹不已,并作出如下结论:"我们现在需要的是一个认识方面的震撼,使全国每个社会团体都认识到,我们面临着一个紧迫的国家问题,我们必须解决这个问题。"①

---

① John R.Opel, "Education, Science, and National Economic Competitiveness," *Science*, September 17, 1982.

现在,在读了这段话之后,读者一定会得出这样一个结论:我们感到这个震撼已传到了全世界,它正以新一代计算机(奥普尔先生本人的专长)的形式出现。我们非常希望受过良好教育的新的青年一代,他们具有时代所要求的活力和想象力,以准备迎接日本人的挑战。但是,正如我们将要看见的,美国希望在实现这个梦想以前,必须解决某些严峻的问题。

十三、 青年是我们的救星

从传统上来说,美国人都期望年轻人能把他们从国家遭受的任何困境中解救出来,最明显的例子就是老一代把年轻一代送上战场。而我们把希望和救星寄托于青年的想法,仍在继续塑造我们的历史,当然也在塑造我们的神话。精力旺盛的青年总是说老的一代怎么傻,怎么不合他们的习惯,他们是许多电视商业广告利用的对象;相反,那些为这类事情担忧的社会批评家则指责这种说教式的老套话(特别从人口统计学上说,人口正趋于老化)。但是我们仍然相信,从基本上看,年轻人有能力为大家干得很出色。

具有这种信念的人很多。渊一博就是其中之一,他颠倒了已渗透到日本社会的资历制度,把权力交给了年轻的研究人员,这在日本正常情况下是不可想象的。可以肯定,如果把日本的计算机看成是一个威胁,那么我们的年轻人将会拯救我们,即使不是年轻人,则至少是用年轻人的那种朝气蓬勃的精神来拯救我们,因为根据我们的神话,越是朝气蓬勃的企业家就越会取得成功。1982 年当罗纳德·里根总统向美国国会提出一项创纪录的国防预算请国会批准时,更清楚地表示出了这种信念。当里根总统被问道,在国防预算的增加已使政府对教育的支持深受影响的今天,如果这项国防预算得到通过,各公司将从何处找到技术人员时,他带着最迷人的微笑说:"给工业界一些钱,它就会找到人才。"

有人认为,要找到技术人员就得花钱。公司为了争取到一份国防任务合同,它必须表明自己拥有足够的技术人才(即使有些人才还没有被公司雇用),如果缺乏技术人员,那公司就只能放弃投标。在国防合同签约中,某些称为"打赌于未来"的公司另雇技术人员,以期待合同能够到手,这种做法不仅浪费,而且使人才不足的问题更加恶化。几年前,工程师就像吉卜赛人或像高级季节工一样,可从这个国防合同承包商流动到另外一个,而他们现在发现,如在加州和麻省等州待遇不错,则就留下不走了。

或许美国人应该考虑一项庞大的专业更新计划。我们可以从日本这个例子受到启发,按人口计算,他们的律师不到美国的二十分之一,会计师不到美国的七分之一,但工程师却是美国的五倍! 我们也许应该调整自己的比例。由于简化所有的法律过程要花些时间(它还可能遇到某些阻力,这就如同规定饮食一样),我们可聘请一些英语博士来进行试点工作,只要给一定的报酬,他们是非常乐意受聘的。多余的英语博士、律师和会计师最终可改变职业,把他们重新培养成工程师,这项富有吸引力的独特计划不仅可解决工程师紧缺的问题,而且从经济上讲,可把处于失业边缘的工作人员转移到高生产率的工作岗位。

我们并不是说挖苦话,我们的工程师教育和对青年(全靠他们把希望和梦想转变为现实)的教育,正处于困难之中,而麻烦最大的则是计算机教育。

十四、 危机中的学科

大约在过去十年中,美国和加拿大的大学计算机科学系的一些系主任每两年在犹他州斯诺伯德(Snowbird)相聚几天,一起讨论他们共同关心的问题,斯诺伯德是一个海拔很高的山区休养圣地,人们在那里会感到心情舒畅,血液沸腾。在每次会后,他们从小杨树峡谷下来,手里拿着刻有字的牌了:计算机科学是危机中的一门学科。

由于从国家公园到理发的每件事都处于“危机”之中,故我们并不想用“危机”两字,以免引起人们更大的恐慌,但在事实上,计算机科学家们确实忧心忡忡。倘若正如日本人所坚持的,计算机是一门影响所有科学的学科,那么,使用“危机”两字或许就并不算过分。具体地说,这个问题与人才、设备、资金，甚至与哲学有关。

我们必须首先处理哲学问题。透过周围现象来研究计算机属哪一门学科，是类似物理学的自然科学，是类似数学的人工科学（artificial science），是奇特的工程学，是某种心理学，还是尚未归类的交叉科学。遗憾的是，这个问题的研究已超出了本书讨论的范围。然而，这些问题对这门学科本身关系重大，因为在其他关键性影响中，它关系到如何培养学生，如何进行研究开发。

系主任们担忧的其他问题，不仅与国家福利有关，而且也容易理解，在某种意义上说，这些问题犹如连体三胞胎，每个问题都与其他问题休戚相关。

与70年代和80年代大多数的大学教师不同，系主任们并没有抱怨学生注册人数增加太快（除非你把人类增长高峰作为抱怨的原因），从1975年到1981年，主修计算机科学的大学生增加了一倍，按保守的估计，到1987年还会增长60％。如果这些学生唯一的动机是为了金钱，那么他们是作了明智的抉择。在1980年，每个计算机学士平均有12个工作机会，开始年薪就在2万美元以上，而且年薪还在不断提高。计算机科学博士则更是前程似锦，在1980年，一个刚毕业的计算机科学博士有34个工作机会可供选择。不幸的是，如果这些新博士选择留在学术界，则几年的研究生就算白读了，只能拿到相当于新学士的薪水。计算机专业学术团体——计算机协会（Association for Computing Machinery）主席彼得·丹宁（Peter Denning）学究式地说：

"由于大学毕业生现有的薪水跟刚进校的教员差不多,所以没有什么激励能把他们留在研究院。"

但是,这个浪潮还包括计算机科学以外的专业。任何学校最聪明的学生都清楚地意识到,计算机革命是确有其事,不管他们最终选择哪一个领域,都离不开计算机。学生们学习计算机知识的欲望使程序设计入门课程、终端课程等急剧增长,甚至在某些老式学校中,穿孔机都忙个不停。"结果如何呢?"丹宁问道,"现有的终端设备和计算机处理不了那么大的负载,班级超编,实验设备不足,大学教师考虑进入工业界谋职。"①

尽管缺乏激励,但有些人还是继续谋取学士以上的学位。他们热爱这项工作仅是出于自身的缘故:他们爱好研究,他们对边缘科学的认识、证明、发现和发明非常敏感。但即使是这些献身于科学的人,也在被工业实验室吞并。从贝尔实验室到卢卡斯电影公司,每个单位都需要计算机科学博士。因此,在 1974—1978 年间,有 1 127 人放弃了他们原先挣钱容易的位置,通过进修得到了计算机科学博士的称号;而在同一时期内,学术界只净增了 32 个博士,这个数字考虑了死亡、流入工业界以及其他所有因素。

这种现象不只是发生在计算机领域,在 1971—1979 年间,美国物理科学和工程学博士数减少了 25%。原因之一是来自迅速发展的高

---

① Peter J.Denning, "A Discipline in Crisis," *Communications of the ACM*, June 1981, 24, 6.

技术工业不可抗拒的诱惑，他们乐意雇佣学士甚至没有学位的人。原因之二是一开始进入这些领域的人数就较少。现在有一种陈词滥调，说是工业正在吃掉自己的种子。唯恐我们想从国外引进人才，移民法最近已建议，所有在美国受技术培训的外国博士，在他们的学业一结束就得马上回国，因为根据这项法律，至少要两年以后才允许他们在美国寻找工作。这并不是国会高姿态，把这些海外浪子送回不发达国家去（这些国家很可能负担不起他们的薪水，有的国家甚至没有条件使用他们）。这是一个人为的贸易障碍，它是由某些衰退的技术职业为了保护自己的供过于求而提出的。他们打着"民主"的旗号使国会确信，如果他们淹死了，其他人也会遭殃。

现在有一种很有说服力的论点：计算机科学的人才短缺是暂时现象，通过自由市场的调剂完全可以解决。另一些人则争辩说，不要提什么有利无利，只要中意和相称就行了，计算机科学人才是一种珍贵而有价值的国家资源。他们举了物理学家这个很有启发的例子，人数减少了，收入反而增加了。

美国总统科学和技术办公室 1980 年的报告提出，计算机专业的人才缺乏现象大概要持续到 90 年代。该报告断言，除非扭转目前大学教师被工业界拉过去的现象，否则唯一的选择就是削减大学入学人数。报告虽在原则上赞同自由市场的调剂作用，但将计算机排除在外，它认为这个问题太重要了，因此不允许靠等待缓慢流动的市场来调节。报告建议政府应该进行某种干预。遗憾的是，这份报告是为前政府（即卡特政府）制定的，该政府对高技术在国计民生中的作用认识不足；而继任的政府（即里根政府）因未被说服而一事无成。①

但是，就学术角度说，计算机科学的目的不仅是教人入门，它的研究具有非常特殊的性质，不应受直接的商业应用或专利保密的束缚。它应该被赋予长期目标的特性，而不是短期目标的特性，任何重视知识和技术领先（有些事情还没有能实现，虽然它可能失败，但也可能在一夜之间获得成功）地位的国家必须有强大而健全的学术研究环境。

再来谈谈危险，第五代计算机中心技术（人工智能，特别是专家系统）的初始研究都是在大学里进行的，工业部门的研究所不仅没有发现人工智能是一个值得投资的领域，他们在实际上还互相比赛，看谁把人工智能挖苦得最厉害。只有 SRI 国际公司（SRI International）例外，它已建立了第一流的人工智能研究小组，按联邦政府合同进行工作，现在可能只有 IBM 公司和贝尔实验室准备改过自新。

所以，系主任们提出的问题有两个部分：一部分是财政困难，人人都想成为计算机科学家，当他们受过培训后，人人都想雇佣他们。问题的另一部分是极端缺乏优秀教师来培养求知心切的学生。如果大学中计算机科学方面的博士没有很大的增长，那谁来教学生呢？

一种解决师资问题的方法是把计算机教师跟大学里其他教师的

① See J.F.Traub, "Quo Vadimus: Computer Science in a Decade," *Communications of the ACM*, June 1981.

工资级别定得不同，这在医学院、法学院，甚至在商学院都已成功地实行。这种方法已在某些学校中非正式采用，而在另一些学校中则是正式和公开采用，但这样做不仅引起了其他系的反感，而且已至少有一所大学为此提出了诉讼。

另外一个是设备问题。学生们常常被迫在过时三年以上的设备上学习，在如计算机科学这样日新月异变化的领域里，这确实是一个严重的问题。但这个问题可通过与公司进行开明的合作予以解决，当然首先要求这些公司既有钱购买最先进的设备，又允许大学研究人员在下班时间去使用这些设备。如施乐的帕洛阿托研究中心，他们就允许斯坦福大学计算机科学家使用该研究中心的极好的研究设备。在大学和公司之间，以联合任命的形式来共享人才，也能有助于师资问题的解决，但这样做要求学校、公司、科学家三方面都采取灵活的态度，如大学附近没有合适的公司，那也就不能解决这个问题。①

实际上，这些问题并不容易解决。当然，仍有相当一部分公司主动承担"公民义务"，他们对教育需求提供了实质性的贡献，其中 DEC 公司的对外研究计划（External Research Program）提出以赠送设备来换取大学的研究成果。IBM 公司主办全国一些大学的研究活动，还向其中的几所大学出租设备。新的课税法鼓励工业界为大学的研究课题多作贡献（包括赠送设备），加上 1981 年工业研究开发经费在扣除

---

① See J. F. Traub, "Quo Vadimus: Computer Science in a Decade," *Communications of the ACM*, June 1981.

了通货膨胀率以后还增加了6%,而且预计还会按此比例增加,故有较好的预兆表明工业界正在支持计算机教育。

但是,大家都同意教育和学术研究所需的经费不能单靠私人部门提供。学术界还担忧工业界无论是在利润、产品改进,还是在专利情报方面都偏重于短期利益,而大学计算机科学所需要的是与工业界长久的紧密结合。①

十五、 美国的反智能主义

在一个最先把机器智能(即机器模仿人类思考)带给世界的国家中,居然约有一半居民不相信进化论,这将是历史上一个最大的讽刺。最近的一项盖洛普民意测验表明,整整有44%的美国人相信,"上帝曾在一万年前创造了目前形式的人类"。②这件事情的含义使人踌躇不安,具有这种信仰的本身就表明对化学、地质学、天文学、人类学,总之是对科学的极度无知。

现在可以肯定,许多高中学生不学科学课程就可以解释上述现象,美国有2 300万人完全不识字(如果算半文盲则有6 000万人,在

---

① Robert L. Jacobson, "Industry's Emphasis on Profits Cited as Bar to Business-University Ties," *The Chronicle of Higher Education*, July 21, 1982.

② "Nearly Half in U. S. Reject Evolution," *San Francisco Chronicle*, August 13, 1982.

联合国 158 个成员国中，我们在阅读和写作能力方面居第 49 位），这也应该受到一定程度的谴责。在知识就是力量的当今世界中，我们国家的这种情况真令人不寒而栗。虽然本书谈的是称为知识信息处理系统的机器（这种机器已开始了它们的计算机生涯），但归根结底还是谈知识是人类今天和未来生活的中心。

第五代计算机及其代表的一切，使我们不得不面对美国生活中一项存在已久的课题，这就是反智能主义。

自从建国以来，美国人就对知识持有矛盾态度。正如我们所说的那样，我们总是重视智力，但对理解力却持有怀疑态度，甚至对它加以嘲弄。这是因为我们国家有一种偏见，智力非常有用、非常中肯，我们都喜欢这样的事实：任何人都能在工作中看到智力，在行动中赞美智力。而且，我们相信智力是天生就有的，它也是智力商数 IQ 的基本假设。但在另一方面，理解力却必须从称为课堂（特别是大专院校的课堂）的这个令人怀疑的场所通过实践来获得。因此，理解力似乎是一种不必要的东西，某些有实际经验的人没有它也照样能干事，有时也确实如此；而且要得到理解力往往比较困难，它需要自我约束，故对智力先天不足的人来说更是难以得到。更糟的是，理解力难以捉摸，要探索那些令人厌倦的问题，如探索意义的意义，以及其他各类不切实际的问题，这就使得一般的人即使不能说要发火，也至少是不耐烦。

威斯康星州老资格的参议员威廉·普罗克斯迈尔（William Proxmire)的做法是个很好的例子，他挖苦"金羊毛奖"，他认为好笑的是,这种奖颁发给由联邦政府提供资金、但基本上是浪费和滥用税收收入的研究项目。联邦政府把钱花在各个领域,奖给科研项目的"金羊毛奖"多得实在不相称。为什么会这样呢? 因为这些项目的标题往往既长又不恰当,美国反科学的偏见很强,同时不能冒犯大多数投票者,而且它跟任何地方一样,有风便起浪。普罗克斯迈尔认为是最可笑的某些项目却往往在实际上非常重要,虽然这些项目在他看来并不需要,比如说,由于国家科学基金会要支持的是基础研究,故对其应用不太关心。

例如,有一个项目是检查酒精对鱼影响的研究,这可给了这位参议员一个好机会,他公开大声嘲笑这是在研究"醉鱼"这样无聊的工作。事实上,人们对鱼类的攻击或溃退行为已能高度仿效并有较深的了解,但受酒精影响的鱼则往往把其他鱼的正常行为当作是威胁行为而给对方坚决反击。由于在美国,人与人之间的绝大部分暴力行为与酒精有关,因此,研究人员对上述研究的初步发现,也许就能使我们对暴力行为的起因有进一步的了解。但是,普罗克斯迈尔参议员把它说成是实用性和常识性的项目来进行公开嘲笑,致使这一项目的研究人员、旧金山加利福尼亚大学医学院的一位令人尊敬的专家再也得不到研究"醉鱼"的经费。

甚至国防部也不能幸免于受这种胡说八道的影响。一项题为"土著居民为什么不流汗"的国防部(DOD)研究项目,就曾经爆发了一场论战,只是在国防部官员作了解释以后,才允许继续提供研究资金。事实上,知道"土著居民为什么不流汗"非常重要:美军士兵在东南亚的酷暑中严重脱水，而当地的土著人却由于某种原因而能适应高温且不流汗，这就给我们跟热打交道提供了途径，他们为什么不流汗，我们能从中学到些什么来帮助美国士兵？对斯坦福大学教授们讲这件事的国防部官员最后警告说："请给你们的研究标题加上科学行话，最重要的是，不要用幽默或轻松愉快的话作标题，否则，国会是不理解的。"

美国在 60 年代经历了一场大规模反对"理解力"的运动，尤其是体现在理性教育和正式教育方面。虽然大多数参加这场运动的人并不真正了解这场运动（当资料就在他们所蔑视的书中时，他们又能知道些什么呢？），但这场运动就跟传统的苹果馅饼一样，作为美国长期的信条在信奉。理智必定跟感情对立，而在当时，只重视感情。联邦政府并没有采取任何措施来阻止这个神话，因为它正在进行着一场遥远的战争*，这场战争空前邪恶，但却以所谓的合理性给原始的暴力套上假面具。知识界多半被吓坏了，他们到处抗议，而在公众的眼光中，这场战争是由前教授和未来的教授们引起的，而且也是由他们证明是正确的。

在以后的十年中，也就是在 70 年代，智能主义不再作为战争的工具，而成为生活中发展经济的障碍。因此，一方面，人们谴责高等教育不切实际；另一方面，笃定拿固定工资的任职教师假装虔诚地对追求名利表示极大的义愤。总之，原已陷入混乱的公立学校现在继续受到冷待，许多城市因纳税人拒交办校经费而把所有学校关闭数周甚至数

---

* 指侵越战争。——译者注

月之久。当然,这不仅是反智能主义,而且是对过分的政府采取的极为复杂的反应,人们普遍认为政府铺张侈奢、上层机构臃肿、爱管闲事。而且在传统上,美国人坚持公立学校应该起到社会水平测量器的作用。他们希望公立学校起到这样的作用,但纳税人却懊恼地发现,学校不可能单枪匹马地把具有敌对观点的形形色色的人融合在一起。一旦有哪个学校超出了制度规定所具有的能力时,他们就要砸碎它。

这种对我们学校不信任的态度与以下事实有关,理解力总好像冒犯我们对平均主义的渴望。当我们的子女明显地越来越无知时,我们总会有各种应付的说法:否认孩子无知;说这没有关系;表示无可奈何;认为是正常的种族遗传;至于那些负担得起学费的人,则把孩子从公立学校转到私立学校,因为私立学校比公立学校更有纪律,更能激发智力,也更安全。

但是,留给我们一个比理论上的重要性更使人头痛的问题。在当今知识是压倒一切经济活动的世界上,一个如此轻视精神生活的国家能够唤起民众进入这个世界的意志吗? 更不用说号召人民在这个世界上与他人竞争了。

十六、 樱桃园里的知识分子

在人类知识历史中,由于第五代计算机这种智能机器的大批生产可与发明印刷术相提并论，它在精神生活中产生的影响肯定要比书本产生的大得多，因此，可以期望美国的知识分子（尤其是那些至今仍在虔诚地谈论自由教育的重要性、分享共同的文化等等的知识分子）会热情地利用这项新技术，尽可能地为人类的最佳目标服务。

遗憾的是，他们并没有这样做，大多数知识分子对这方面的进展一无所知。如果说他们真正注意到了这项技术，也只是把大学校园内的计算机化视为"新的野蛮状态"。

《高等教育年史》(*The Chronicle of Higher Education*)这份学术性刊物最近有一篇文章的标题是："我们对电子技术的迷恋，是目光短浅、典型的美国迷恋"。文章的作者是一位英语教授，他急于要表白自己的善意："本人绝非是20世纪的卢德派成员*，因为机器威胁到老的手工业领域而捣毁机器。但认为狂热地爱机器是不健康的，这也是卢德主义吗？认为社会对本身的技术有着青春期所具有的那种热烈追求，这样的社会就是颓废的吗？"①我们说这不是卢德主义，这只是对革命的误解，把"手段"与"目的"混为一谈。

对"计算机盲"来说，计算机使用者渴望知识的力量和知识的扩充就像渴望新发明一样。如果说在一定程度上是如此，那又怎样呢？在我们挑选好的书籍时，既要装订精致，又要仔细选择字样，同时更要注

---

* 卢德派成员是指英国在19世纪初用捣毁机器等手段反对企业主的自发工人运动的参加者。——译者注

① Paul Connolly, "Our Fascination with Electronic Technology Is Myopic-and Quintessentially American," *Chronicle of Higher Education*, September 22, 1982.

重书本的内容,谁会认为我们这样做是不对的呢? 那么,赞美一台设计得很好的计算机,或者是赞美一个编得极为灵巧的程序(两者都是人工制品),又错在哪里呢? 年轻人对计算机的渴望就同我们的祖先对识字的渴望完全一样。

我们还可以进一步指出这位英语教授的错误,他甚至没有激动人心地发现这种"典型的美国迷恋"正在世界各地滋生着,正在许多国家以井井有条和合情合理的方式萌发着,但他提出的这个问题至少引起了人们的重视。大多数自命不凡的知识分子甚至还不知道所发生的事情。

小说家霍顿斯·卡利谢(Hortense Calisher)在一部关于航天飞行的长篇小说中,有一段是关于知识分子在面对另一项人类伟大的星际探索冒险活动中所表现出来的极端无知和完全缺乏兴趣。"在那些热衷于谈论爱因斯坦之后物理学的知识分子中,普遍认为星际探索对我们人类就像出售廉价商品小店里的货色且有失体统(其他知识界中的情况也完全类似)。至于政治,则设法以询问'你认为联合国和平利用外层空间委员会(U. N. Committee on the Peaceful Uses of Outer Space)的运气是好还是坏'来转移中东忧虑。我所遇见的大多数人从未听到过此事;在此之前,我也没有听到过。"[①]

那么,美国知识分子的想法是什么? 这是一个合情合理的问题,

---

① Hortense Calisher, "Warm Bodies," unpublished.

但却不容易回答。就政治来说，兴趣很快在消失；再拿艺术来说，没有人愿意为之争口舌，或许他们甚至在默默思量这不关他们的事。但这是谁的过错呢？就像契诃夫的《樱桃园》中的朗涅夫斯卡娅夫人一样，她们生活在一个梦想的世界里，既不需负责任又想入非非、反复无常，有一些忠心耿耿的老仆人服侍她们（这些仆人就像调子高、妄自尊大、而发行量却很低的定期刊物），这些仆人无耻地迎合她们的幻觉。真可怜，但这并不是悲剧。

为什么可怜呢？因为智能机器向人们展现了一个有前途的世界，一个思考的世界，一个能够靠脑力劳动发财致富的世界（对我们的孩子来说，将更是这样一个世界），智能机器为知识分子提供了良好的工具，知识分子利用这些工具进行测试假设、检验理论、玩"倘使……将会怎样"游戏，以及给极为复杂的人类思想赋予新的内容，而这些绝非是其他的智力工具（如书写文字、我们现在使用的任何形式的制图法，以及数学等）所能提供的。第五代计算机将给我们提供人类理解力的延伸程度，简直使人惊叹不已。

知识信息处理系统（KIPS）允许（几乎是坚决主张）把许多不同的技术和人类服务结合在一起，从通信技术到保健。相同的原则同样有效，而最重要的可能是思想领域的融合。在完全不同领域中的知识分子和专业人员常常研究相同的概念，以求理解它和使用它，但由于没有共同的语言，他们无法用各自的方式互相交换意见。

例如，英语教授和知识工程师两者都认为很难实事求是地用语言来表达思想,但在实际上,没有一个英语教授知道知识工程师在努力用语言表达思想方面的发现,并把它们转变为计算机的表示。

总之,如果知识分子不密切依赖这种新工具,那么在不久的将来就不会在知识方面有所创新。凡是顽固地对这项技术漠不关心的知识分子,他们将会发现自己呆在一个古怪的"智力馆"中一筹莫展,虽然心情不好又毫不相干,却又不得不呆在那儿,靠那些理解这场革命真实含义的人的施舍,才能跟这场革命开辟的新世界打交道。

十七、　为民服务

不管各种生物的寿命多长,他们的某些行为和形态会在新的环境中自行消亡,这是生物的一条基本定律,它告诉我们这样的道理:物种作适应环境的变化就生存下来,否则就从地球上消失。

我们也面临着这种新的环境。日本人已认识到了这一点,他们的早期智能告警机构很久以前就发出了信号,从而使他们有充裕的时间作准备。在学者受人爱戴、学生奋发上进、文盲绝迹,以及政府有意识地尽快造就知识社会的这样一个文化环境中,肯定比较容易做到。主要问题不在于日本人是否正确(应该说他们是正确的),而在于美国能否适应新的环境,因为我们应该考虑到,长久以来美国采取不信任智能的态度,对政府和企业界提出合理的长远规划表示疑虑重重。

在历史上有一些先例。在 19 世纪末、20 世纪初，威斯康星州在州长罗伯特·拉福莱特（Robert M. LaFollette）创议下，开始了一项威斯康星实验，它鼓励威斯康星大学的各种专家为州民服务。这项实验后来被广为仿效，理查德·霍夫施塔特（Richard Hofstadter）把这项实验总结如下：

"首先，当时处于一个变革的时代，对现状不满的人要求得到专家的帮助；其次，知识分子和专家投身到改革中去，他们提出了系统的方案并协助实施；然后，厌恶改革的情绪日益增长，常常对他们的效果直接提出指责，首先是商界势力对这样做最反感，他们指责政府爱管闲事，抱怨改革花钱太多，并设法用各种呼吁（包括反智能主义）来激起公众对改革者的反对；最后，改革者终于被撵走了，但是，并不是所有的改革都被取消。"①

这种做法在"新政"中得到重复，在肯尼迪政府中再次执行，约翰逊政府和福特政府是改进混合型，尼克松政府为顾全基辛格教授而完全照搬，卡特政府曾尝试性地邀请知识分子来帮助管理政府，而里根政府则立即停止执行。

企业界跟政客们不同，他们往往采取实用主义的观点。"当今，所有人都知道高技术是商业上极大的生财之道，科学必须认真考虑商业。"这是某公司有点屈尊的座右铭。不管在过去（或甚至在将来），企

---

① Richard Hofstadter, *Anti-Intellectualism in American Life* (New York: Alfred A. Knopf, 1963).

业界和知识分子之间的关系有多么不自在,但他们现在却非常乐意彼此接近,彼此合作。这冒犯了某些科学家,特别是人工智能方面的科学家,他们担忧的是,虽然高技术在目前还没跟科学的健康发展相对立,但这头快速奔跑的雄鹿已有难以驾驭之势。某些接触市场的人工智能专家则持相反的论点,他们认为任何好的科学(至少是好的人工智能)要通过设法解决现实世界的问题才能进步,因为这些问题是不允许捏造舒适的环境来迎合第一流科学家某些事先想好的思想。老实说,人工智能和一般科学究竟哪一种干得出色或者应用得出色,这是一个公开的问题,两方面都有不少的先例。

到目前为止,尽管我们有那么一点反智能主义(正如理查德·霍夫施塔特强调的,这仅是一种倾向,而不是全国性的狂热),但我们的国家还是相当繁荣昌盛,因为我们拥有丰富的自然资源,有许多可耕的土地,灵活的思想体系使我们获得和丢弃专业知识就像找临时工那样容易,犹如专业知识始终在我们身边,当我们再次需要它们时,即垂手可得。我们即使缺乏全国性的政策,使广泛使用专业知识来培养知识和培养受过教育的人类受到一定的影响,美国还是相当繁荣,或者说至少还能活得下去。在这样的环境下,知识将被分配到需要它们的地方,而在不受欢迎的地方当然就缺乏知识,或者说至少是埋没了知识。

这似乎是相当不错的景象。但它可能隐藏着一个致命的问题。到那时,它会导致有知识者和无知识者之间的极大差距,这个差距不可能用任何简单的财富再分配方法所弥补。无知识者绝对不可能和有知识者平等，再多的激励性（基本是恩赐性）的言语都不能使两者平等。

麦考黛克和费吉鲍姆在这点上看法有分歧。费吉鲍姆认为，无知识者的世界是 60 年代留下来的言语，这种提法未能预见到现在人人都想买的仅一百美元一台的计算机。而麦考黛克则认为他的观点带有硅谷色彩，而自己的观点则带有曼哈顿色彩，她看到的是图书馆免费借书，而美国却有 6 000 万个半文盲，又很难找出使人奋发向上学习的理由。她不想把一般的读写能力抬得过高，但它却真是能帮助你处理这个世界上发生的事，这是用任何其他方式都办不到的。人们如果认识不到符号推理的价值，以及由此引伸出的知识的价值，那他们是不会在计算机上或者在知识上花费十美分的，虽然十美分对他们来说根本微不足道。

智能机器，包括知识信息处理机和专家系统，要求有聪明的使用者。乐观主义者建议，可以帮助造就这样的使用者。教育家、家长、文化领导所感到毫无希望的是唤起尚无公民权的整个低年级学生，而智能机器将对他们可能产生想象不到的效果。乐观主义者们指出，军方已在带头这样做了，他们在探索用专家系统帮助在使用高技术设备的领域中训练低技术水平新兵的可能性，他们必须学会使用、维护，有时还需要学会修理这些高技术设备。悲观主义者则认为最后不可避免要出大问题。

乐观主义者从安德鲁·卡内基（Andrew Carnegie）的身上受到鼓舞。在卡内基少年时代，因为父亲的织机被自动织机所取代，他不得不挑起养家的重担，但他并没有丧失信心，而仍是努力工作，小安德鲁深刻理解到，未来的道路就是工业化。因此，乐观主义者说，请等一下，我们的下一代将会看到风朝哪个方向吹。而悲观主义者却对此表示怀疑。

乐观主义者、悲观主义者，以及这出人类喜剧中的所有其他观众都会感到好笑，卡内基过去非常蔑视正规教育，这跟他同时代的利兰·斯坦福（Leland Stanford）如出一辙。这两个人在他们各自的事业中取得巨大成功之后，分别建立了大学，以纠正现有学校的弊病。现在，这两所大学是美国三大人工智能苗圃中的两个（另一个是麻省理工学院）。

十八、　人工智能与国防

正如我们在前面指出的，对纯粹是为百姓谋利的国家项目，我们从未能痛痛快快地搞过，然而，一旦我们说清楚了该项目与国防有关，就会毫不犹豫地把大笔大笔的钱花在有益（有时候也并不一定有益）的工作中。

人工智能列在这些项目的最前面。在没有一家公司，也没有一家基金会把人工智能认真当一回事，或者表示承担不起那么大的费用时，国防部高级研究计划局（ARPA）支持这项绝对重要而风险极大的研究长达二十年之久。由于五角大楼常常被看作是国家的反派角色，特别是知识分子指责它成事不足、败事有余，因此，我们倒是愿意站在认为它有见识的角度上提出报告，人们正在把纳税者的钱押在会给整个人类竞争带来莫大好处的某些项目上。

在 70 年代末期，当部分的人工智能技术准备从研究阶段转移到开发阶段时，风险投资家和工业家成群结队地参加人工智能技术会议。他们或者是采用自己所需要的技术，或者是建立专门从事人工智能的公司，但最早的耕耘还是由 ARPA 支持的，单就它有见识的科学领导这一点就值得人们赞赏。

不管是好还是坏，不管是为了商业还是国防，人工智能已经问世。日本人打算要把这个婴儿抚养成完美的商业成人。我们相信，美国人应该制定我们自己的大规模集中的规划，这样做不仅完全符合国家利益，而且对国防也是绝对必要的。

如果智能信息处理系统在 90 年代用到国防上，则在 1982 年所谓的先进电子武器跟十年后可能出现的武器系统相比，实在只不过是极为复杂的发条玩具而已。1981 年夏天，费吉鲍姆应邀到国防部科技局（是一个向美国国防部提出咨询的高级科学小组），就人工智能和专家系统研究开发的目前情况给予科学佐证。这个专门小组的宗旨是分析和评估许许多多的现有科技项目（据传有 70—80 项之多）对美国国防的影响,在专门小组的报告中,人工智能在使用"机会-风险衡量法"时排在第七,而在仅使用"机会衡量法"时名列第二!

因此,负责研究与工程的助理国防部长理查德·德劳尔(Richard D. DeLauer),这位五角大楼的"研究开发首脑"说了下面这段话就不足为奇了:"国防部应该加强这项技术,因为国内别无他人在从事此项研究工作,而日本人却在人工智能和第五代计算机两方面都有强有力的计划,且由政府、大学和企业界联合开发。"①

我们同意德劳尔的评价,并愿意提出以下五点意见作为对他的支持。

第一,人们从畏惧的心理看待特殊性质的现代电子战,谁幸运地(非侥幸地)拥有边缘技术优势(军事技术中的"灰色阴影"),谁就能把这优势转化为绝对压倒的军事优势(就像"黑与白"那样绝对)。以色列在1982年黎巴嫩战争中,为了准备用美制喷气战斗机与叙利亚的苏制米格飞机对抗,它改进了美制飞机上的电子系统,否则,原来两种战斗机的性能基本相当。以色列人改进了他们的电子干扰系统,而最重要的是,他们发明并开发了一项卓越非凡的设计,即能"读阅"叙利亚的电子发射信号,并根据这些信号揭示的"什么"和"何处",用以指挥他们的电子空战。其结果之一是,他们把保卫叙利亚的地对空导弹基地的指挥控制系统完全搞乱,从而成功地摧毁了绝大部分叙利亚导

---

① Clarence A. Robinson, Jr., "DeLauer Urges Technology Spending," *Aviation Week & Space Technology*, September 6, 1982.

弹。然而，最大的成功还是最后的战绩：叙利亚和以色列双方飞机损失之比为 79∶0。取得这一惊人的战绩主要靠聪明人来指挥电子战争。而在未来，这项工作可由计算机来做。

第二，是国防部在将来能否取得智能计算机系统的技术问题。即使国防部科技局的研究只能做到大致正确，我们也不能让人工智能技术落到日本人或其他人手中。不管日本是一个多么忠诚的盟国，我们也不能在至关重要的国防技术上依赖于日本。我们也不能假设日本伙伴会自动默许把我们认为对美国国防利益是性命攸关的技术在输出时会严加控制。作为一个国家来说，日本长期以来对技术方面的保密采取漫不经心的态度。各盟国都认为除了日本公司以外，日本政府实际上是一个守不住秘密的人，它常让西方技术不分青红皂白地流入他人之手。

第三，必须剧增美国国防经费。当国会还在对常规武器的巨大拨款进行辩论时，"灵巧炸弹"的问题又引起了新的兴趣。在国防应用上，任何使用专家系统的武器，其目标要达到零误差，这就意味着是用智能数据通知传感器来搜索各个目标，而不需要用大规模地毯式的轰炸来炸毁预定目标。智能武器系统的经济效益极大，因为它能极为精确地击中目标，这对最强烈的国防鼓吹者也应该是显而易见的，有选择地使用少量武器可发挥最大的打击效能。

第四，最重要的是，国防部要有效地进行最新的技术开发。技术领先通常是短暂的，我们要通过国防项目承包商，来必须保持住把实验室中的技术加速转变为我们所控制的武器系统的能力,我们绝不能坐等日本人把它们的产品经过开发周期推到商品市场。

最后,国防部必须有使技术转换为符合武器系统需要的能力。富士通、日立与罗克韦尔、洛克希德等公司肯定不会搞一样的东西,即使搞相同的项目,其进度也绝不会一样。我们的国防工业必须在新的先进的计算机技术中取得并保持遥遥领先的地位。

到目前为止,美国仍在领导着信息革命,我们的半导体技术仍被公认为最佳。但这种局面不会保持很久。80年代初期的大规模芯片战还没有结束,日本在许多重要的硬件元器件方面都处于领先地位,日本的超级计算机完全比得上美国,日本把其重点转移到了其他种类的硬件开发上,甚至正如我们所说的,已转移到了软件开发上。如果我们还怀疑那个勤奋的国家有能力在十年内做出智能机器,那只需要我们回过头来看日本计算机技术在十年前的水平,当时它远远地落在我们后面。

美国已有相当长一段时间认为国防只是人员数量和武器数量方面的事情(如果我们相信孙子兵法,就不会有这么长一段时间了)。不管怎样,我们所有关于美国是第二次世界大战中民主国家的军火库的宣传使人激动不已,而仔细阅读历史就可使我们知道,赢得战争的胜利靠的是脑力,而不是靠体力。我们许多人都熟知欧洲大戏院破获敌方密码的惊险故事,我们也都通晓情报对盟军取胜所起的重要作用;但是我们可能并不熟悉当时在太平洋上发生的类似战略。

每个人都知道,正因为美国在情报上的一次失败,而发生日本偷袭珍珠港的事件。五个月以后,即在温斯顿·丘吉尔所说的除了"灾难流"以外什么消息也没从太平洋传来这句话以后,詹姆斯·杜利特尔(James Doolittle)上校对东京进行了一次唐·吉诃德式的空袭,但基本上并未造成任何损伤,大多数的军事战略家都认为这仅仅是对国内同胞的一种宣传,因为他们非常需要振奋。事实上,这次空袭收到了极大的令人意想不到的效果。日本人因本土受到攻击而深感震惊,尽管杜利特尔没能造成任何伤害,但日本皇家海军还是作出了过分的反应,几乎把所有的军舰都编入了联合舰队。

一位历史学家写道:"这产生了大量的无线电信号,从而给了美国海军一个绝好的机会,获得了未曾预料到的起决定性作用的密码,虽然他们缺乏进军日本的海军力量,但他们很高兴在暗中进行的电子战中所占据的巨大优势,这对于在辽阔的太平洋战场上获得战术霸权具有决定性的意义。这些情报提供了大量的线索,从而揭示出'胜利病'是如何驱使日本人分散他们的压倒优势,在过长的战线上进行过多战争的。由于预先知道了敌人战略的弱点,因此,海军上将尼米兹(Nimitz)能够集中他有限的海军力量,各个击破敌方的局部弱势,从而瓦解了日本朝太平洋南面和西面进军的企图。"①

简言之,无论是狭义的情报还是广义的情报,它对我们的国防都

---

① John Costello, *The Pacific War* (New York: Rawson Wade, 1981).

极为重要，而且它的作用将与日俱增，因此，我们务必要在这方面领先。

除了直接的战斗（如果是一场核战争，则与本书无关）以外，我们的工业基础也是国防很重要的部分，如果工业还在继续使用老式技术，还在用老式的方法管理，那么它对我们只是一头高价白象。我们对美国的后工业化社会已说了很多，这毫无疑问是好思想，但是它的成功是依靠把情报和知识技术大规模地综合到工业的过程。

美国高级研究计划局（ARPA）信息处理技术部的罗伯特·卡恩（Robert Kahn）在不久前的一个和煦的下午，坐在办公室里沉思这个情况。他说："不错，ARPA已在美国的信息处理研究方面充当了良知者，我们过去不得不把阿帕网硬灌输给计算机科学界，而现在如果没有阿帕网，他们就不能有效地发挥作用。过去的情况并非如此。如果IBM迟些推出分时和虚拟存储，那会怎么样？如果美国电话电报公司（AT&T）要花十年的时间来完成包交换，那又会怎么样？这些都没有太大的关系，因为时间在我们一边，我们的工业是强大的，我们有老本等得起。但我们现在已没有像过去那样强大，而且竞争也愈来愈激烈。就像通用汽车公司那样，它正为做梦也没有想到过的前所未有的竞争感到烦恼。与此同时，市场开发也出乎意料，现正渐渐在学习如何搞好服务。高技术现在已不再是作为早餐，但却没人能确切知道它该做什么；也没人能确切知道它将何去何从；更没有地方能提供必要的领导以及使我们保持竞争力的催化剂。在过去，工业界和政府能携手合作并制定标准，铁路和高速公路就是这样干的，无线电和电视也是这样干的。但现在对电子学，特别是对软件，我们就不能有效地采用上述方式。现在正在发生转变，或者需要下星期二发生转变，而且这些转变往往看不见。"这些问题目前已大大超出了某个政府小机构所能解决的范畴，不管该机构多么有远见。

我们估计在 1982 年，美国政府和私人花在人工智能研究的总经费约 5 000 万美元，这恰好等于日本政府在研制第五代计算机的十年期间的年平均经费（日本国内企业对人工智能的资助不包括在内，否则可能是上述数字的 2—3 倍）。如果依然是我行我素，那日、美两国就像在做一项有趣的实验，一家是有计划大干，另一家是无计划零打碎敲。

此刻，我们美国人正把经济和国防赌注押在过去对我们或多或少行之有效的方法上（虽然目前的经济形势使我们对该方法在复杂的后工业化世界的效用表示某种怀疑）。当然，这个方法完全是一种权力分散的规划，它提倡残酷无情的竞争，它坚信胜利属于最杰出者，因为这就是经济规律。

这项实验中日本一方跟我们不同。虽然在过程结束时，他们的经济竞争的概念与我们相同，但他们把过程的早期阶段即知识技术的研究和开发单独分离出来。日本人相信研究和开发需要某项中心规划。虽然各部分的研究可通过签订合同的方式交给各研究所，但这样的研究应该由东京的 ICOT 工作人员统一协调。日本人相信人类的聪明才智是一项极为珍贵的资源,因此必须精心调配使用。当然,钱也是很珍贵的,所以同样不能浪费。

相反,美国目前在发展信息处理工业方面是不协调的,这将使我们负担不起这种巨额耗费。我们正在表现出似乎有多余人才,管它项目重要不重要,只要谁有钱,谁就可以随心所欲地使用人才。我们还显得似乎非常有钱。而我们国防的关键要素就是立足在这些假设之上的。

十九、　美国还有英雄吗

1982 年元月底的一个周末,麦考黛克和她的丈夫(也是一位计算机专家)应邀到麻省郊外的贝尔夫妇(Gwen and Gordon Bell)府上作客,格温·贝尔领他们参观了她一手打造的非常出色的计算机博物馆。她打算还要进一步调整:使其不仅是计算机博物馆,而且也是信息处理博物馆,从而成为新世纪的美国自然史博物馆。

晚上喝酒时,格温·贝尔在耐心地绣一个漂亮的枕头,枕头上的图案是从一本集成电路设计书中描下来的,麦考黛克忍住了要想讨一个这样的枕头的念头,她转过头去跟戈登·贝尔谈第五代计算机。她不太清楚他是否听说过第五代计算机,因为在她所遇到的人中间,几乎没有人听说过这件事。

但是戈登·贝尔，这位数字设备公司(DEC)工程副总经理马上就活跃起来了。在参加东京第五代计算机会议的美国代表团中，有五位是DEC公司的研究人员。贝尔跟许多工业界同行不一样，他极为认真地看待日本的这项宣布，他知道的情况比麦考黛克还多。他开始评论第五代计算机的技术特色，有时候赞美，有时候批评。他说话跟平时一样，往往不是完整的句子，而是不时冒出的只言片语；他的手臂就象交通警察那样挥舞着(对贝尔来说，新思想总是像上下班的高峰那样出现)；他一会儿放声大笑，一会儿呻吟不满，为了强调语气，他还不时地拍着他旁边的沙发；他的情绪也是一会儿异常快乐(那些家伙多有眼光)，一会儿情绪低落(如果我们再不对日本的挑战作出正确的响应，十年后还会有美国的计算机工业吗)。

第二天上午，他把麦考黛克请到他的书房里，给她看他自己所作的关于日本计算机的私人笔记。贝尔有一个名声，大家都公认他的"身体语言"比普通语言更有说服力，但麦考黛克惊奇地发现，这本笔记富于洞察力，文体简朴，常带风趣，而且从头至尾条理清楚。

戈登·贝尔还是相当活跃，贝尔的这种活跃绝非偶然。每当提到计算机伟大的创造性设计者时，也就是在提到由于他们的杰出思想而改变了计算机性能的人物时，戈登·贝尔不仅总是榜上有名，而且还名列前茅。他因设计DEC公司PDP-4、PDP-5、PDP-6和PDP-10等最早的小型和中型计算机的体系结构而大扬其名，这些机器把科学计算带进了实验室。这些计算机性能不错，用处很广，且售价仅几万到几十万美元,而不是几百万美元。贝尔设计的计算机的妙处表现在两个方面:体系结构本身的优点是实现小型化;以及贝尔帮助设计了管理计算机软件,因为当时还没有大规模集成元器件。由于贝尔旺盛的创造性,DEC 公司的 PDP 计算机始终在价格和性能方面在市场上领先。

在 60 年代末,贝尔离开了 DEC 公司去卡内基-梅隆大学任教,但同时兼任 DEC 公司顾问以及 PDP-11 的主设计师。PDP-11 很快就成了全世界各实验室最受欢迎的计算机:设计良好、操作方便、经济实惠,程序设计师们说起 PDP-11 就像驾驶员们说起丰田汽车一样赞不绝口。最后,贝尔又回到了 DEC 公司任工程副总经理,但仍跟他的大学同事保持密切的联系。

在 1982 年冬去春来的时候,贝尔仍在担忧大多数计算机工业家对他的意见所持的明显冷淡态度,他认为美国的计算机工业正面临着长期严重的威胁。即使在同意他观点的人中间,也似乎对如何正确行动意见不一,有一种想法是几家公司合资经营,但又应该采取何种形式呢?

当时有两个不同的工业团体正在联合。一个是半导体研究合作社(Semiconductor Research Cooperative),这是一项由企业界支持的计划。它打算把钱汇集给大学研究实验室,一方面开发新设备,另一方面,更重要的是把这种投资看作是给大学的预付款,以便日后能够取得大学的开发专利许可。到 1982 年秋天,其成员包括除了 AT&T

以外的所有美国半导体制造厂商，而最重要的是包括了 IBM。

第二个团体是微电子与计算机技术公司（Microelectronics and Computer Technology Corporation，简称 MCC），它的成员要比前者少得多，而且前途也很不明确。1982 年春末，贝尔和 DEC 公司战略规划经理布鲁斯·德拉基（Bruce Delagi，他也参加了东京第五代计算机会议，且跟贝尔一样对其关心）开始谈论，如何改变他们同行每天都致力于对现有产品的小而稳的改进，说服他们把注意力放在未来。由于 MCC 的创建，贝尔看到了像日本的贷款合作方案这样一个机会，这个方案大大超出了只进行产品开发的范围。按照他的想法，MCC 应该从事费用很大而一家公司承担不起的研究，以及从事技术难度很高而一所大学实验室应付不了的研究。

"行了，我们的思想终于扎根了。"贝尔现在说道。他们的意见肯定抓住了大家的某些想象力。MCC 在 1982 年 8 月 12 日成立时，就有一个野心勃勃的工作计划，它最初就要集中于四项先进技术长远计划，包括微电子封装、高级计算机体系结构（用 8—10 年的时间集中研究基于知识的系统结构、人工智能及两者的应用，总之，是美国的第五代计算机规划①）、在高级计算机结构基础上产生的计算机辅助设计和计算机辅助生产（CAD/CAM）、在软件的效能和应用方面提高一个数量级。

---

① ⋯⋯虽然贝尔喜欢把它看作第六代。

这项宏伟的设计在开始工作后,预计 MCC 的年度预算将达 5 000万美元至 1 亿美元,参加者可以股东身份投资一项或几项技术计划,也可有限介入。

尽管贝尔有热情、有远见,尽管他过去曾有许多正确思想的记录,然而到了年底,却只有 DEC 公司、控制数据公司(CDC)、尤尼瓦克公司(Univac)签订了合同,而许多潜在的成员,包括施乐、英特尔、惠普、得克萨斯仪器公司和 IBM 公司却仍站在远处观望。即使这些公司的个人都确认贝尔的看法或许再一次是正确的,但 MCC 还是面临着许多要回答的问题。每家公司在财政上仅能应付眼前的任务,那钱从哪里来? 人又从哪里来? 如违反托拉斯法,则司法部的态度将会如何? 撇开不谈计划是怎样卓有远见,问题是如何使它真正实现?

而且,有些事在日本是"小题",而在 MCC 却往往要"大作"。例如,MCC 的某个研究小组一致建议把开发"超冯·诺伊曼结构"(即新体系结构)的实验室设在帕洛阿托,以便就近利用斯坦福大学和其他大学在该领域的专长,但是 MCC 董事会对此表示冷淡。因为他们担心来自东部和中西部计算机公司的技术人员一旦在太阳地带(Sun Belt)舒舒服服呆了两年后,会永远在那儿呆下去,而不想再回到他们原来的公司了。

然后到了 1983 年元月末,MCC 宣布它有了一位新董事长兼最高行政官,退役海军上将博比·雷·英曼(Bobby Ray Inman),他小时候是个神童，19 岁大学毕业，他首次引起注意是作为国家安全局（NSA）的新首脑。当时，大多数人没有听说过有这么个机构和职位，对其人也一无所知，而现在 NSA 是美国权力最大、无所不在的情报机构，因此，或许也是政府中最有经验的计算机用户。

博比·雷·英曼的公开露面是平息一次公愤，他的部下威胁一位企业家兼教授说，NSA 有权监视从事密码研究的计算机科学家的工作，并且如果 NSA 认为是有损于国家安全时，有权禁止他们申请专利或在正规的科学刊物上自由发表文章。这使这位企业家惊得目瞪口呆，他请州参议员帮助，然后把这件事作为对他的污辱和严重的违法行为而大肆宣扬。学术界对此也深感义愤，他们认为这不仅侵犯学术自由，而且还侵犯他们的公民权利。英曼介入此事，并承认双方存在冲突。然后他呼吁情报部门和学术界进行"对话"，结果是科学家被迫单方面作了"自愿"的自我检查。

但是，英曼似乎把密码问题看作是美国许多更严重问题的征兆。带着这样的想法，他对美国科技发展协会（American Association for the Advancement of Science，简称 AAAS）发表演说时讲了这么几句话："美国的技术虽然没有泄漏到国外去，但正在流血，以国家安全的名义，必须马上制止这种流血。"[①]他的上述讲话后来被广为引用。

---

① 在 James Bamford 所著的 *The Puzzle Palace*（Boston：Houghton Mifflin，1982）中，对英曼在国家安全局中的作用有更详细的描述。

　　但是 MCC 并不拥有 NSA 所拥有的权力，甚至也没有中央情报局（CIA）那样的权力（英曼不久前还是 CIA 的副局长），MCC 没有提出国家政策的权力，没有影响立法的权力，也几乎没有要求经费的权力。虽然由于英曼的任命说服了更多的公司参加 MCC，使参加 MCC 的成员达到十个。但美国没有像日本通产省那样的筹措资金和全面协调的机构，没有办这些事情的经验，也没有像 ICOT 那样的中心研究所来指导研究和分配项目。

　　英曼能否成为像渊一博那样的能力超凡的领导？能否以他个人的朝气和眼光来推动一切？能否说服参加公司为了长期的共同利益而冒某种必须冒的风险，甚至为此作出某些牺牲，而把存在的矛盾大事化小、小事化了？能否说服至今还在 MCC 之外以及在第五代计算机之外的公司作风险投资？英曼能否像渊一博那样吸收四十个以上的年轻有为的研究人员（这些年轻人随时准备作出经济上的牺牲，把赌注押在未来上，因为他们相信他们将要做的工作无论对个人还是对国家都极为重要，所以完全有必要作出这样的牺牲，下这样的赌注）？英曼在政治上很有才能，在技术上则未必如此。渊一博不是像英曼那种有本领的官僚，但他具有技术眼光和指挥能力；他并不是呆在富丽堂皇的办公室里，而是呆在 ICOT 现场，以指导年轻的研究人员。

　　我们需要有一些新的美国英雄。

二十、 可供美国选择的途径

日本人已经宣布,他们将在十年之内制造出知识信息处理机。有几种途径可供美国自由选择,但是要搞我们自己的形式,就没有什么真正对我们胃口的途径可供选择。下面我们予以逐条讨论:

1. 我们可维持现状。着眼于眼前市场考虑,我们可以继续从事许多近期的研究开发;每当根本的方针没能给我们直接好处时,我们可用剥夺它们的产业或政治权力来惩罚这种远见;我们可死死地把反托拉斯法当作一贯正确的圣经,对我们自己提出起诉,从而使我们国家崩溃。当然,不协调的规划、无足轻重的投资、缺乏严肃性的投资,也许可使我们依然对付得过去,至少以某种方式对付得过去。

2. 我们可形成工业联合体来迎接日本的挑战,我们可以公民的身份坚持要求司法部对工业界的联合研究开发采取合情合理的态度。这也许需要国会起一定作用。然而,美国人没有联合冒险的经验。

3. 我们可跟日本人一起进行重要的联合风险投资。他们第五代计算机的提议对国际合作提供了许多"口惠",他们也许并非真心实意,但我们可对他们的"口惠"作一次测试。还有一种可能性,即在规划执行的各个阶段结束时,日本人或许发现他们自己达不到技术上或财务上的目标时,他们会欢迎美国合作的,美国和日本可互相取长补短,这种联合冒险在国际上可有很大影响。

4. 是第三种打算的变种。我们知道知识信息处理系统的经济价值(即所谓的附加价值)主要在软件,或者说主要在知识,有确凿的记录表明,我们有许多极好的软件思想专家。我们可忽视硬件,而只生产软件,这就跟刮胡子刀片公司一样,因为利润主要在刀片上,所以他们自己并不生产刀架。芯片现在很便宜,我们已看到计算机硬件业的许多环节都无利可图。让我们把重点放在发展软件上,因为软件业投资小而利润高。

5. 我们可组成一个提高知识技术的国家实验室,它可以像洛斯阿拉莫斯实验室那样,是个包含多种形式知识技术的综合性研究机构;也可像布鲁克黑文与弗米兰勃(Brookhaven and Fermilab)物理实验室那样,是个小型多学科的大学实验室;还可以像斯坦福大学线性加速器中心那样,由一所大学主要承包。不管采取哪种形式,国家实验室必须新建。所有机构都有自然生命周期,在新建初期尚未沾上官僚主义习气时,最有朝气,也最有创造力。我们不能期待现有的国家实验室,它们缺乏知识技术实验室所必须具有的创新精神,因为这种机构已充满了传统习惯、墨守成规和官僚主义。这三大弊病最终也会影响新实验室,但至少在新建初期,它会鲜明地跟这些弊病作斗争。

6. 我们也可首先成为一个伟大的并符合农民利益的后工业化社会。我们有一大片肥沃的可耕地,在农业科学以及在农业自动化方面的进展始终给人们留下了深刻的印象。我们在许多成长的事物中肯定显得出类拔萃。当通用汽车公司和通用电气公司衰退时，我们可以组织通用农业公司来保持我们的贸易平衡。

作为美国人来说，我们并不是无路可走，然而在现实中，有些不一定符合我们的实际情况。我们自己的首要选择应该是马上成立一个知识技术中心。

二十一、 国家知识技术中心

美国不是日本，美国商业部不是日本通产省，美国五角大楼也不是日本防卫厅。几乎在信息处理工业中的每个人都认为有必要采取某种形式的合作，以保证能共享受过良好教育的研究人员和卓有成效的研究成果，不再把各种资源浪费在谋取短期利益（实际上是无利可言）的方案中。我们并不拥有无限的资源——人才、金钱和时间，其他国家目前正在转向未来，而我们则不管喜欢与否，必须跟在人家后面，但是，只要我们愿意的话，我们就能够走在其他国家前头的。

虽然工业团体对集资作了若干不同的尝试，但这种良好的意向却受到了挫折，其原因有根深蒂固的商业竞争传统（依靠严格的反托拉斯法，在法律上得到进一步强化），缺乏进行合作的合适机构，缺乏共同的国家目标。

有位著名的科学家非常认真地提出建议说，所有关心日本第五代计算机的人，都应该竭尽全力去说服我们国家拿自己的伟大"资源"（指 IBM 公司）承担起与日本规划竞争的重任，IBM 是我们的希望所在。虽然这个思想有些消遣的味道，甚至还有些稀奇古怪，但总的说来似乎有一点空想。而且，这样做的结果是使某公司独家掌握应该由许多公司共享的某项技术，日本人已同样认识到技术应该共享。

让我们另外提出一项建议。美国应该建立一个国家知识技术中心，所谓"知识技术"，我们当然是指计算机，但我们也指知识分配的其他有关形式，如程序库，因为我们对其有重要的技术需要，它能向我们提供令人兴奋的机会。国家知识技术中心的这个思想并不是我们最先提出的，工业家、教育家和政府官员都曾提出过类似的建议。

该计划的另一种形式是国家信息处理技术中心，这是一位政府高级科学行政官员最近提出的。这种形式既对技术世界极为不利，而又没广泛包括知识系统世界。这个中心不与工业界竞争，相反，它将扮演类似高级研究计划局（ARPA）的角色，支持由一家公司甚至数家公司都承担不起那么大风险的基础研究。就跟 ARPA 一样，它对风险大的项目在早期研究阶段提供经费和进行协调，直到企业能够把成果转到生产开发阶段。该中心的任务是长期成果，而不是短期利益。因此，其经费可来自所有想要从中心得到好处的政府机构和私人机构。为保证中心的效能，必须有充裕的经费，经费的数量取决于经分析后，知识技术范围是广还是窄。

如果分析下来范围较窄，则可取类似日本第五代计算机规划那种先导性的规划,我们深信美国完全有能力自己继续进行领先的研究和开发,并获得明显的效益。但如果分析下来该中心的范围较广,则应包括极复杂的信息和知识技术的研究:从电信到出版,从新的计算机设计到学校新课程的开设。它最终必须确定国家研究的优先次序,并通过艰难的步骤建立标准。这种标准既要非常灵活,以适应新的技术;又要非常严格,以避免因不兼容性造成的浪费,例如在录像盘片和计算机软件中就存在这种情况。

虽然经费主要应该来自政府,但不应该是某一个政府机构,因为行政机构的薪水结构不能应付需要,而且机构过分冗余,使中心不能以其必须具有的速度和灵活性工作。实际上,它应该可以向公司、研究所、大学和其他人才库临时雇人。

困难是明显存在的。如何合理分配和奖励"知识所有权"? 普通法律都传统处理实的所有权,对如何处理"知识所有权"尚无先例。我们已谈论过在人工智能和其他计算机科学中非常缺乏合格的科学家和工程师,这个中心可到大学和其他研究所去挖掘人才,但就跟"知识所有权"一样,这是我们的社会必须正视的问题。事实上,中心的建立可能有助于下述问题的解决。技术如何能有效地从实验室转移到工业? 如何保持高水平创新? 还有些相当重要的问题。但我们应该作出哪一种符合现实的抉择?

我们建议的这个中心要体现出国家意志,就跟肯尼迪在当时建立国家航天局(NASA)的载人宇宙飞船中心(Manned Spacecraft Center)十分相像。美国以前从未有过这样一个组织。这样重要的规划虽然极少，但都是在政府或军方的控制之下，例如空间计划就是如此。但在当时，出现了美国历史上或者说在世界历史上从未有过的突然和意义深远的良机，许多毫不搭界的社会功能都汇集在一起了：如出版、制造、保健和其他职业服务、教育、娱乐，以及新闻采集等等，举不胜举，等待着我们把它们融合为一套最有威力的技术，而这套技术将使这些功能在每个人身上得到更有效率、更精确、更有成效的发挥。

我们此刻又有了完成新版《迪德洛特百科全书》的良机，搜集所有的知识，不仅是学术的知识，还包括非正规的知识、经验知识以及启发式的知识，并且把它们融为一体，把它们放大，再广为传播，而在成本、速度、数量，以及特别在有用性方面远远优于目前的水平。图书馆中的一本书也许有很重要的资料，但如果正巧你们图书馆中没有这本书，或者因为大多数书籍印刷在容易自毁的酸性纸上，这本书在五十年后碎成了粉末，那么该知识也就随之丢失。如果知识淹没在信息的尼亚加拉激流中，则因人类一时装不下那么多的知识，或者没有毅力去消化这些知识，那也只能任凭其在信息的激流中丢失。

如果你乐意面对，我们所面临的计算机的命运很像路易斯安那州的房产，最初的费用似乎很高，而现在就是原来持怀疑态度的人也"热"起来了。但对高瞻远瞩的人来说，这项投资指望有多方面的得益，它不仅可重振国家意志，而且使我们感到非常高兴的是美国再次成为"为何不"的国家。

目前，我们世界上的知识犹如一团乱麻，即使是再有本事的人也不可能用双手把它理顺。日本人却相信他们能够理顺这团易断的乱麻，并很容易把它织成一件外套，用来保护、培育、装饰，以及增强人类智能。日本人确信，为了国家的生存，他们必须这样做。

美国人也能做到。为了国家的生存，我们或许也非做到不可。国家安全是多因素状态的事情，它依赖于健康、富有成效的工业、农业、教育、商业，以及政府，这些都驱动着知识的迅速创造、传布和利用。

如果我们的知识技术目标仍然仅由军方制定，那必定会发生某种妥协。首先，这种研究由于受政府控制而可能成为战略性的研究，这将意味着通常促进人工智能、专家系统和计算机早期工作的那种迅速和自由的思想交换就此结束。其次，研究工作最终可能从根本上偏向军方目标。军方目标和民用目标是可以调和的，但它们毕竟是两码事。

当然，如果美国人只有以国防的名义才能承担财务支持的重担，我们就能称它为国防，那我们能以国防的名义建设州际高速公路，我们也能以国防的名义教育下一代的大学生（从亚洲艺术到动物学专业）。在国家知识技术中心，在其他国家已经领悟到知识是他们本国利益的中心所在的世界上，我们建议不仅要保险起见，而且要从这点出发采取相应的行动。

第七章 尾 声

一、 预测不易，预测未来更难

本节的标题是沿用了物理学家尼尔斯·布尔的一句至理名言。为了更令人信服起见，我们不妨对一些事例稍作分析。

如果大约在公元前 4000 年耶利哥（Jericho）刚开始农业革命的时候，我们向一位先知询问农业革命可能产生的影响，她可能会很自信地回答说，人类将不必再靠机会（即靠采集和捕猎的机会）取得食物，她也可能以惊人的洞察力预言，多余的食物将导致劳动专业化。但是，劳动专业化将进而促成城市和国际贸易的兴起，或者导致花生成为洗发精、墨水及漆布的配料等等，就不是她所能预料的了。

由于深刻了解人类的精神，她也许能预言一个民间传说将随着文明而出现，但是她不可能具体指出冥后普西芬尼（Persephone）、美国拓荒时代的传奇人物约翰尼·阿普尔西德（Johnny Appleseed）或者费希尔（Fisher）国王之死等等。

她可能还会觉得这种想法十分有趣:有些人由于不加限制地摄取食物,以致身体逐渐肥胖,这种肥胖从社会角度来看是令人厌恶、不健康的,在某些情况下甚至是有害生命的,因为我们一开始就被大自然选中在这个要么饱餐、要么饥饿的世界上生存。[1]

换言之,虽然人类幸运地被赋予先天的革命想象力,但也很难预测这种革命造成的影响。

本书主要讨论的是信息革命的一个方面,也就是即将到来的机器智能的大规模生产时代。在某种意义上说,"革命"这个说法并不贴切,用"进化"来描述人类知识的历史也许是一个更恰当的词。正如我们现在能从理论上说明生物体的进化一样,我们也能从理论上说明知识及其种种技术的进化。

人类口头语言的形成,使人类在传输知识方面迈进了一大步(某些人类学家认为这同家庭的建立有关),但是口头语言一经确立,便持续了很长时间,可能有 500 万年 * 之久。然后人类开始用图画来代表周围有关的物体。这种图画交流方式是一个了不起的成就,因为这意味着保存信息的时间将超过人的寿命,而且比人脑记忆来得可靠。当然象形文字较难掌握,因而书写只能是少数贵人的特长。

一个讲英语的人,如果她一点不懂日语而试图在东京市中心寻路,她便能体会英欧语言进化阶段的文字是多么笨拙与含糊。当然,

---

[1] 减肥目前在美国是一项每年花费达 100 亿美元的事业。技术能创造意想不到的新市场。
* 原书为 5 000 万年,疑为 500 万年之误。——编者注

她手里有地图,而且在她的地图上,街名都是用罗马字母拼写的,但是在街道的路牌上,街名却都是"汉字"。除非她很善于按地图把路牌上的街名对换成英语,否则就必须依靠分散在地图上代表各著名建筑的象形文字了。因此,要确定自己所在位置,就得把自己所面对的建筑物同地图上的某一图形对应起来。然而两者的比例相差悬殊,图形也多少有点风格化,这样就只能依靠大量的猜测与想象。其间会有差错,也不时地发生误解,至于精细的思考则根本不可能。①

大约到公元前 1 000 年,腓尼基人首先断然抛弃了困难的象形文字,创造了称为"字母系统"的一种最有影响的抽象文字形式。使他们产生这种思想的是贸易,因为象形文字使交易进行的速度慢得令人难以忍受。他们当然并非有意发动革命,他们只是为了赚钱。除了知道他们是地中海人之外,完全不知道是哪个聪明人首先想到用一个符号或字母代表某个声音,从而使书写的文字变得漂亮、流利,使书写的词能表达那些无法用图画表达的概念。这是一种强有力的工具,它大大加快了知识的记载和传播,同时还改变了我们的思想方式。

此时,知识技术的进化又进入了一个间歇期。其间当然也有些小的演化。例如希腊、罗马人在腓尼基人的字母系统中增加了一些字母,纸和精制犊皮开始流行,因它们能像石头一样长久保存,且便于携带,书本取代了卷轴。这期间没有惊人的剧变,而只有点点滴滴、涓涓

① Roland Barthes 对这同一经验有不同的反应,见 *Empire of Signs*, trans. Richard Howard(New York: Hill and Wang, 1982)。

细流积累起来的缓慢变化。

随后这个间歇期为古腾堡(Cutenbeg)革命所打破。事实上，到13世纪时，首先是中国人发明了活字，*但他们对输出这种发明一直不感兴趣。来往于丝绸之路的商人很快就看到了活字与印刷机的优点，但这种发明似乎只传到中东地区就由于宗教原因而遭阻遏。

古腾堡的发明是一大成功（不过古腾堡并未因此得益，死时还负了一身债务），仅在五十年时间内，就有上千万册书在欧洲流传。而在此之前，欧洲只拿得出数万本手写本。这种增殖速度无论怎么说都是惊人的，而在当时的运输条件下，这更是近乎奇迹了。我们不知道古腾堡是否理解他自己开创的革命，显然，无论他的梦想如何宽广，也不可能想象人们手里（书本价钱并不贵）将会有诸如《医生常用参考手册》、詹姆斯·乔伊斯(James Joyce)的《尤利西斯》和《国家探索者》那么多种多样的书本。不过也许他确已想到了，也未必可知。自有文字记载以来，秘史、诗歌与流言蜚语就成了人类思想的主要食粮。古腾堡难免要忽视的是——如果现在把他当作一位先知者的话——这种按数量级的巨大变化。由于古腾堡发明的新技术使欧洲拥有的书本在五十年中就从不到十万册跃增到上千万册。有了这么多书本以后，识字的人迅速增加，知识得以广泛传播，从而造成深刻的社会影响。我们知道成千上万的人只是为了了解汤姆·潘恩(Tom Paine)的激进

---

　　* 原书误为朝鲜人首先发明活字。——译者注

政见而学习阅读的。例如,产生了称为民主共和国的新政府,用通过选举而实现的多数统治取代了君权统治,以及类似的预想不到的变化。

几乎人人都明白,计算机的开发带来了信息处理方面又一次革命性的变化,但是人们所作的预测大部分都是关于计算机方面的。从电子邮件到手提式专家系统,所有这些装置都神奇非凡,例如,一名赤脚医生可以把手提式专家系统带到穷乡僻壤,为那里的居民提供世界上最先进的医术。

专家预测说,目前还必须由送报人递送的或到报摊购买的报纸或杂志,将来可以直接传输到家庭终端设备,此外读者还可以任意挑选自己要看的内容,而不必全部接受。同样,书本也不再装订成册放在书架上,而成了储存便宜、需要时可以调用的片段知识(这样就可以作必要的更新、评论、修正或改变),任何人都可以随时随地加以取用(如果我们希望的话,也可以躺在浴缸里阅读由家庭终端设备输出的硬拷贝)。

这一些确实了不起,只是目前还不可能很快实现。这些装置将节省大量精力、纸张和时间,将产生巨大的智慧力量,使我们能轻易地获得经过精心选择、精心设计的知识,而不是一大堆的信息。它们也将导致某些工业和许多职业方面严重的——也许是短时的混乱。我们可以明智地、同情地迎接这些变化,也可以东拼西凑地建立防线,但后者将使我们在某些历史的必然面前处境更糟。本书的主张当然毫不含糊地是要大家制定合理的计划,并作好充分准备,但同时我们也十分清楚有人会持不同意见的。

我们现在面对的是一种奇异的东西，是一件前所未有的大事。因此，想预测其未来几乎是愚蠢的。因为预测本质上就是按我们的认识对事物作出推断，而这种奇异的东西、推理机器，将以无法预测的方式改变我们所认识的事物。"地球上出现一个具有智能，或其智能超过人类的非人实体，这将成为人类历史上最重的事件之一。"《财富》杂志最近在一系列讨论会思考机器的文章中这样断言："尽管人类不可能想象其全部后果，但它对技术、科学、经济、战争——实际上是对人类整个智力与社会发展——无疑将产生重大的影响。"①

我们跟其他人没有两样，因此，我们也无法预测广泛使用知识信息处理系统后将产生的何种结果。如果千百万人阅读了汤姆·潘恩的小册子，使他们相信有正当的理由起而反抗君主政体，那么谁能说当人人都能使用机器智能——而且比人的智能更快、更深刻、更健全——这时科学、经济、战争，以及整个人类的智力与社会的发展，又会产生何种改变？

二、 阴影与光明

人类命运的重大变革，从来都不是完美无缺的。即使农业革命也产生了一些意想不到的副作用。但是尽管如此，人们不会希望再回到

---

① Tom Alexander, "Teaching Computers the Art of Reason," *Fortune*, May 17, 1982.

狩猎与采集的时代去。就更近的时期来说,医术的广泛传播已经使我们失去了控制世界人口的能力,但是道德与怜悯之心促使我们去努力的,是防止世界人口过剩,而不是撤销医术。知识的大幅度增加(如本书一再指出的,以数量级递增)也不会例外。当然,还有人认为往日的生活方式更好。

机器自动创造知识将产生无法估量的影响。当机器能充分利用我们给它的全部知识,当机器有系统地以我们只能望之兴叹的方式使用知识,并且作出比我们更深刻、更有力的推断(因为我们只能同时处理四个项目,而机器却没有限制)时,将发生什么情况,我们不知道。我们也许会忘记怎样做些起码的事。我们在中学里都曾学会了开平方根,但是现今绝大多数成年人都已把它忘得干干净净了。既然计算器能出色地完成这个工作,那么为什么还要多费心力呢?

一个能思考得更快、更深刻的专家系统,即使采用的是人类所用的直观推断方式,我们也不知道它是否必定会按人类的思路进行思考。如果它另有思路的话,我们也不知道这些思路的终极是什么。

我们不知道能否靠机器来发现新知识。如果机器能够发现新知识的话,那么这样的新知识可能包含些什么内容,我们也不知道。

我们不知道这种知识网络——不论是日本人所设想的全球性的,还是仅仅全国性的网络——是否会给政府或罪犯的胡作非为提供前所未有的机会。

在目前的过渡时期,我们对别人把一切归咎于计算机而借此推卸自己的个人责任已经习以为常。但诸如此类的情况是否会越来越严重？是否要设计新的法律系统来对付它们，如同这类系统对付知识财产权、个人私事问题以及其他无法预料的问题？是否要设计故障自动保险系统来保护我们，免受即将为我们所掌握的巨大力量之害？

我们不知道怎样才能使人类掌握评估眼前大量知识的能力。对书面文字的读者来说，这早已是个棘手的问题。我们不知道，掌握了向推理机提问，并使它解释清楚的能力会有助于解决这个问题，还是会使问题更加严重。

不重视知识的人不会知道一个充满了知识的世界将是什么样子。有些意见认为，由于知识信息处理系统具备极为丰富的娱乐性，使目前蔑视知识的人乐于亲近，或者乐于接受刺激。知识作为镇静剂对我们并不特别具有吸引力；但另一种可能性，即知识信息处理系统作为一种催人追求知识的刺激物，则是很有助益的。由于知识信息处理系统将设计得能跟电话和电视一样使用方便，我们不禁想起了美国的电视机在短短的五年时间内，就从 6 000 台跃增到 1 550 万台。我们也希望知识信息处理系统能获得同样的成功。

不久前，费吉鲍姆在圣约瑟机场准备搭乘飞机。他看到一架老式飞机从他眼前滑过，这是一架漂亮的双翼飞机，属于环球航空公司的第一代客机。他忽然想到这正是知识工程和专家系统目前的状况，它们正在力图把自己从一种具有强大潜在力量的、使人感到新奇的技术变为人类生活不可分割的一部分。飞机现在仍然并不完美，它们有时要误点,有时要坠毁,但飞机是属于我们的。我们很难想象,没有飞机生活将成什么样子。符号推理机器同费吉鲍姆所见到的那架环球航空公司的飞机一样处于初期阶段,但它展现了未来事物的美好前景。

然而,我们必须回到一切还没有起色的现实。我们在本书已经描述过一种将以独具一格的方式改变我们生活的技术:正如我们已经说过的,推理机器不只是第二次计算机革命,而且是一次重要的革命。如果该技术本身的细节是复杂的,那么围绕着它而产生的许多争论也就毫不奇怪。无论是谁,只要掌握了知识技术的优势,他就掌握了扭转乾坤的力量,简言之,即掌握了一种明确的优势——不论我们所说的是个人的权力,国家的经济,还是战争。

日本人完全理解这一点。他们已开始把这一理解转化为一种新技术。到 90 年代中期,这种新技术将使他们取得对于其他国家的明显优势。许多国家认识到了日本战略的正确性及其必然性,正在纷纷制定雄心勃勃的国家计划,以对付目光远大的日本人。然而,理应率先制定这类计划的美国,却还在拖拖拉拉、举棋不定。

我们不愿把这称为美国的危机。我们可能伴随一种阴郁的思想,想象我们对人工智能技术失去了控制,因而最终严重影响了我们的一般工业、生活水平以及国防。

但是,我们宁愿把日本的挑战看作是促进美国重新振兴的一个机会,并同日本和世界其他国家一起把"推理帝国"——历史学家亨利·斯蒂尔·科曼杰尔(Henry Steele Commager)曾经这样称呼美国——

决定性地推向推理机器时代。

我们最终别无他择，只是决定何时参加，而不是参加与否。参加以后，紧接着就是方式的问题。

对于时间的问题，我们的主张是立即就进行。对于方式的问题，我们只要求：无论选择什么计划，都要体现美国过去革命的一代曾经具有而现在应再次为美国人所具有的精神，即乐观主义、精力充沛、权威、现实主义、坦率、大胆及追求成功。

本书一开始就断言，知识就是力量。我们所指的并非通俗意义上的力量，不是指一枚光滑灵巧的导弹能够压倒大批蠢笨的战列舰，或者一台具备内部智能的科学仪器能够胜过花钱更多但十分蠢笨的同类仪器。我们所描述的或者预期将出现的人工智能的实际应用大都是物质的。这一方面是因为这类应用最易描述，另一方面是因为这些都是西方人最喜闻乐见的。

但是，我们必须指出，知识社会还有一个非物质的方面。日本人长久以来就善于把物质的东西放在适当的位置，这位置不仅重要，而且显然从属于非物质的目的。因此，日本人也更善于觉察知识社会可能带来的精神方面的变化。在日本人增田米二（Yoneji Masuda）所著的《作为后工业化社会的信息社会》一书中，就谈到了一些对未来极具启发性的情况。①

---

① Yoneji Masuda, *The Information Society as Post-Industrial Society* (Tokyo: Institute for the Information Society, 1980).

增田设想了一个周密、详细，而且似乎可取的情况，即富有知识的未来将慢慢地把我们的注意力从物质的东西转向非物质的东西。他认为在知识社会里人人将能自由地确立自我实现的个人目标，而且还将出现全球性的宗教复兴，其特点不只是对超自然的神的信仰，而是对人类的集体精神及其智慧所产生的敬畏和谦卑精神，以及由一种新的全球性道德观调节的、与我们这个星球安宁共存的人性。

这当然不是与以往宗教情感相异的另一个世界的宗教精神。相反，它是针对这个世界，使得人类在影响他们生活的一切事务中，采取积极的态度。但在实践中，人们更多地是怀着为达到共同目标而互相帮助的精神，而不是以往在人类事务中普遍盛行的那种"以我为主"的态度。

这些听起来像乌托邦一样。而"乌托邦"往往指的都是非人所能及的完全理想主义的东西。当然，我们也可以争辩，增田是生活在一个繁荣而均一的社会中，而在这个社会里，此种生活方式的种子已经在生根、发芽，因此他的预言并不适合其他社会。但是"乌托邦"也是人类所共同渴望的好事。实际上，增田使我想起他所说的这一切类似亚当·斯密在《国富论》一书中所设想的一个普遍富裕的社会，一种使人们摆脱依赖与从属地位，而在自主行动中发挥独立精神的富足状况。增田要说的是，人工智能技术不久将使这样的社会出现在全世界。

能推理的动物已经或许是不可避免地塑造出了能推理的机器。尽管在涉足神的疆域这样大胆的——有人认为是不顾一切的——行动中,无疑会有许多风险,但是我们还是向前迈进了,因为我们坚信:阴影无论多么黑暗可怖,它都不能阻止我们走向光明!

附录 A　实验性的与付诸使用的专家系统选录

范　　围	系统:简介	研究与发展组织
生物工程	MOLGEN:辅助 DNA 结构分析与合成实验规划	斯坦福大学探试程序设计工程（Heuristic Programming Project, Stanford University）
化　　工	DENDRAL:解释由质谱仪产生的数据,并决定分子的结构及其原子的成分	斯坦福大学探试程序设计工程
	SECS:可供使用的专家系统,帮助化学家制定有机合成的计划	圣克鲁斯,加利福尼亚大学（University of California, Santa Cruz）
计算机系统	DART:实验性专家系统,用来诊断计算机系统的故障;用于现场安装技术工程	斯坦福大学探试程序设计工程和 IBM 公司
	R1 和 XCON:可供使用的专家系统,用以配置 VAX 计算机系统	卡内基-梅隆大学和数字设备公司（Carnegie-Mellon University and Digital Equipment Corporation）
	SPEAR:处于开发阶段的专家系统,目的是分析计算机的误差记录;用于现场安装技术工程	数字设备公司
	XSEL:为 XCON 的扩充部分,用于帮助推销员选择适当的计算机系统	数字设备公司
	XSEL:实验性专家系统,用于诊断 VAX 计算机的故障	麻省理工学院（MIT）

续表

范　围	系统：简介	研究与发展组织
计　算	PROGRAMMER'S APPRENTICE：专家系统，帮助构造并调试软件	麻省理工学院
	PSI：根据要执行的任务的英语描述来编制简单的计算机程序	系统控制技术公司，凯斯特尔研究所（Kestrel Institute, Systems Control Technology）
教　育	GUIDON：实验性智能计算系辅助教育（CAI）系统，通过对一系列技术问题的启发和纠正的问答来教授学生	斯坦大学探试程序设计工程
	GUIDON：开发中的专家系统，用于给程序设计员讲授计算机语言	计算机思想公司（Computer Thought, Inc.）
工　程	EURISKO：通过研究开发不断学习积累的实验性专家系统，用于设计新的三维微电子线路	斯坦福大学探试程序设计工程
	KBVLSI：实验性系统，辅助超大规模集成电路设计的开发	施乐公司帕洛阿尔托研究中心和斯坦福大学（Xerox Palo Alto Research Center and Stanford University）
	SACON：可供使用的专家系统，帮助结构工程师为每一问题寻找最佳分析策略	斯坦福大学探试程序设计工程
	SACON：开发中的专家系统，用于原子能反应堆的管理	日立能源实验室（Hitachi Energy Lab）
	SACON：开发中的专家系统，用以诊断集成电路制造中的装配问题	日立系统开发实验室（Hitachi System Development Lab）

续表

范　　围	系统:简介	研究与发展组织
通用工具	AGE:此系统用来指导假设形成和信息合成的专家系统的开发	斯坦福大学探试程序设计工程
	AL/X:商用专家系统,协助诊断专家对某一科学领域的知识进行编码,从而产生一个能代表他们应用知识的系统,本系统根据 PRO-SPECTOR 设计	智能终端公司(Intelligent Termi-nals, Ltd.)
	EMYCIN:基本的推理系统,该系统由 MYCIN 演进而成,它可用于许多领域,如用于制造 PUFF、SACON 及其他许多系统	斯坦福大学探试程序设计工程
	EXPERT:基本的推理系统,用于石油勘探与医学	拉特格斯大学(Rutgers University)
	KAS:实验性知识获取系统,建立、修改或删除在 PROSPECTOR 系统中描述的各种规则网络	SRI 国际公司(SRI International)
	KEPE:商用知识表示系统	智能遗传学公司(IntelliGenetics, Inc.)
	KS-300:商用基本推理系统,用于工业诊断及咨询	技术知识公司(Teknowledge, Inc.)
	LOOPS:实验性知识表示系统,用于 KBVLSI 系统	施乐公司帕洛阿托研究中心
	MRS:"超级表示系统",用于对知识表述和问题求解的控制	斯坦福大学探试程序设计工程
	OPS:基本推理系统,可用于 R1 及 AIRPLAN 等许多领域	卡内基-梅隆大学
	ROSIE:基本推理系统,可用于许多领域	兰德公司(RAND Corporation)
	SAGE:基本推理系统,可用来解决多种问题	SPL 国际公司(SPL International)

续表

范　围	系统：简介	研究与发展组织
通用工具	TEIRESIAS：将知识从人类专家转移到某个系统，并指导取得新的推理规则	斯坦福大学探试程序设计工程
	UNITS：知识表述系统，用来构造 MOLGEN 系统，并与 AGE 系统连用	斯坦福大学探试程序设计工程
法　律	LDS：实验性专家系统，模拟律师做出判断的过程，并作为产品责任法规的调节者	兰德公司
	TAXMAN：实验性专家系统，处理隐含在税务法中的准则，提出公司能用以达到其金融目标的一系列契约安排	拉特格斯大学
管理科学	KM-I：实验性知识管理系统，旨在提供数据管理系统与知识库系统相结合的能力	系统开发公司（System Development Corporation）
	RABBIT：实验性系统，帮助用户对数据库提出问题	施乐公司帕洛阿托研究中心
	BABBIT：开发中的专家系统，用来评估大型建筑工程的风险	日立系统开发实验室
	BABBIT：开发中的专家系统，用以对锅炉的成本作出估价	日立系统开发实验室
制　造	CALLISTO：实验性系统，用以模拟、监控、计划并管理大型工程	卡内基－梅隆大学，机器人学研究所
	ISIS：实验性系统，用于作业调度	卡内基－梅隆大学，机器人学研究所
医　学	ABEL：专家系统，诊断酸碱解质的紊乱	麻省理工学院
	CADUCEUS：专家系统，用于内科诊断	匹兹堡大学（University of Pittsburgh）

续表

范　围	系统:简介	研究与发展组织
医　学	CASNET:将治疗同各种诊断中的假设结合起来的一种因果网络(例如,一种疾病的病情及其发展);用于青光眼的治疗	拉特格斯大学
	MYCIN:可供使用的专家系统,用以诊断脑膜炎与血液感染	斯坦福大学探试程序设计工程
	ONCOCIN:肿瘤学协议管理系统,用于肿瘤化疗	斯坦福大学探试程序设计工程
	PUFF:可供使用的专家系统,用以分析病人资料,以鉴定可能的肺部病变	斯坦福大学探试程序设计工程
	VM:专家系统,用以监护病人,并在必要时提出治疗建议	斯坦福大学探试程序设计工程
军　事	AIRPLAN:开发中的专家系统,用于调度航空母舰的空中交通	卡内基-梅隆大学及美国军舰卡尔·文森号(U.S.S. Carl Vinson)
	HASP/SIAP:专家系统,用以识别、跟踪利用海洋声呐信号的船只	系统控制技术公司(Systems Control Technology, Inc.)和斯坦福大学探试程序设计工程
	TATR:用于战术空中打靶的专家系统,使用 ROSIE	兰德公司和美国空军(U. S. Air Force)
	TATR:样机专家系统,用于分析战略迹象与警报	ESL 公司和技术知识公司
	TATR:样机专家系统,用于战术战场通信分析	ESL 公司和技术知识公司
资源探测	DIPMETER ADVISOR:分析油井岩心记录信息的专家系统	法国斯伦贝谢公司(Schlumberger)
	DRILLING ADVISOR:可供使用的专家系统,诊断油井钻探问题,并提出修正和防止措施;使用 KS-300	技术知识公司,为埃尔夫·阿奎坦石油集团公司开发(Teknowledge Inc., for Elf-Aquitaine)

续表

范　围	系统：简介	研究与发展组织
资源探测	HYDRO：计算机咨询系统，用以解决水的资源问题	SRI 国际公司
	PROSPECTOR：测定矿藏蕴藏位置的专家系统	SRI 国际公司
	WAVES：专家系统，对工程师提出有关使用地震数据分析程序方面的意见；可用于石油工业，使用 KS-300	技术知识公司
科　学	GENESIS：商用知识库系统，帮助计划和模拟基因组合实验	智能遗传学公司

附录 B　第五代计算机研究开发论题

	研究与开发的课题	计划/评论
问题求解与推理系统	问题求解与推理的机制： • 第五代核心语言（PROLOG） • 合作问题求解机制 • 并行推理机制 问题求解与推理机器： • 数据流机器 • 支持抽象数据的硬件 • 并行推理硬件	分初期、中期、后期三个阶段开发
知识库系统	知识库的机制： • 知识的表述系统 • 大规模知识库系统 • 分布式知识库管理系统 知识库机器： • 相关数据库机器 • 支持并行相关操作与知识操作的硬件 • 基本知识库管理系统的硬件	分初期、中期、后期三个阶段开发
人机智能接口系统	人机智能接口系统： • 自然语言处理 • 语音处理 • 图形和图像处理 专用处理机的高级人机接口（语言及其他）	分初期、中期、后期三个阶段开发 初期阶段包括开发基本应用系统的基础技术 初期阶段利用现有产品，中期及中期以后进行开发

续表

	研究与开发的课题	计划/评论
开发支持系统	软件开发的试验模型： • 顺序推理机硬件系统 • 顺序推理机软件系统	初期开发，并作为中期及中期以后的研究开发的工具
	VLSI 的集成与系统结构技术： • 智能 VLSI-CAD 系统 • 软件与硬件开发支持系统	VLSI-CAD 从第二年开始。系统结构将通过扩充开发支持系统进行研究，该扩充开发支持系统包括许多实验性软件、硬件系统
基本应用系统	机器翻译系统	作为人机智能接口系统的一部分进行研究，并在初期研制出一种用于评价的样机系统。集中开发将在中期及中期以后进行
	咨询系统	作为知识库机构的一部分进行研究，并在初期研制出一种用作评价的样机系统。集中开发将在中期及中期以后进行
	智能程序设计系统： • 模块化程序设计系统 • 元语言/规范描述及验证系统 • 程序综合与算法存储体	分为初期、中期、后期三个阶段开发

附录 C 名词简释

人工智能 计算机科学的一个分支领域,主要是研究使用计算机进行符号推理的思想和方法;也研究知识的符号表示方法。计算机能被设计成以像人那样的方式表现"智能"行为。

数据库 一些关于物体与事件的数据的汇集,是知识库进行处理时的基本材料。**关系数据库**则用来储存各种物体和事件间的相互关系,以实现存储和检索的灵活性。

专家系统 一种计算机程序,用于从事某种特定的、难度较高的专业工作。专家系统的专业水平能够达到、甚至超过人类专家的水平。由于主要是依靠许多知识来发挥专家系统的功能,因此有时也将它称为**知识库系统**。另外,专家系统常被用于帮助专家工作,因此又称为智能助手。

探试 一种经验性、判断性的知识或是构成专业技术基础的知识。靠经验来估计,一般都能得到预期的结果,但不能保证完全正确。

人机接口 在专家系统(或其他计算机系统)中,用户经常接触使用的一个子系统。其目的是计算机的功能尽可能地"自然",它采用的语言尽可能接近人的自然语言(或者接近某一领域的特殊语言),并能够理解和显示图像,其速度也使人感到满意。专家系统的另外两个子系统是知识库管理子系统和推理子系统。

推理系统 见符号推理。

知识库 用来存储事实、假设、信念和探试,专业知识,处理数据库等以达到诸如诊断、解释或解决问题等预期目标。

知识库管理系统 专家系统的三个子系统之一。该子系统通过自动组织、控制、传送和更新储存的知识来"管理"知识库,并能主动寻找与推理子系统在进行推理时有关的知识。专家系统中另外两个子系统是:推理子系统和人机接口子系统。

知识工程 设计和建造专家系统及其他知识库程序的技术。

知识信息处理系统 日本人提出研制的新型第五代计算机,它具有符号推理能力,并配有大容量的知识库和高级人机接口。这种机器具有极高的处理速度,将能大大提高人类的智能。

网络 计算机与通信链路结合在一起,使计算机能彼此通信,共享程序、设备、数据和知识库。网络可以是局部的,也可以是全国性的,甚至是全球性的。

表示法 知识在计算机中的组织和结构,以便于知识库管理系统进行操纵。

符号推理 进行推理的过程。例如三段论法和根据前提逐步推理的其他普通方法。在现实世界中,依靠知识与数据作为前提,往往并不准确,因此,有些推理程序在进行推理时可以使用误差度。专家系统的推理子系统是利用知识库中的知识。

超大规模集成电路 即在微电子晶片上制作由许多晶体管和其他电子元件组成的超大规模电子线路。目前生产的集成电路每片至多只能容纳五十万个晶体管。美国和日本的一些公司准备试制每片含有一千万个晶体管的集成电路。

附件 中文版序英文原文

AUTHORS' PREFACE TO 2020 EDITION OF
CHINESE TRANSLATION

It is rare for a book published 37 years ago to have a reprinted edition, especially in translation. With great appreciation, we acknowledge the tireless efforts of President Mianheng Jiang of ShanghaiTech University for the opportunity to share the thoughts in our book with a new generation of Chinese people, including scientists, engineers, people who govern, and those who study the political economy and the history of technology.

Today, Artificial Intelligence(AI) is the most widely discussed information technology. As with most technologies that appear to be an "instant success." it grew slowly and with difficulty over many decades, starting in the 1950s. Indeed, the precise modeling of the behaviors we call "intelligence" is one of the most difficult scientific tasks ever undertaken. Now, scientific and engineering activity in AI is achieving widespread practical use, even though it is in an early stage of maturity.

In Part I of this Preface we will travel back in history to learn some of its lessons. But, lessons for whom? In Part II, Pamela Mc-Corduck, builds upon writing that she did in her recent(2019) book. Specifically, she addresses China's decision to move swiftly, with enthusiastic government support and the education of many Chinese engineers and scientists, toward ambitious 2030 goals for the application of AI to economic benefit and the needs of society.

Part I: JAPAN 1980—1992

In the 1960s and 1970s, with leadership from the Japanese Ministry of International Trade and Industry(MITI), seeking economic opportunity through advanced technology, Japanese companies made many advances, but not in computer engineering, and not in software science/engineering. In the late 1970s, MITI and its advisors in large companies and universities, planned and later executed a ten-year project to "leapfrog" the state of the art that existed in the USA and Europe. This was the Japanese National Fifth Generation Computing Systems project(FGCS).

In software science and engineering, FGCS chose the most difficult software area, but one with the largest long-term scientific and economic gain: Artificial Intelligence[called by them—in our view correctly—Knowledge Information Processing (KIP); today that would be called the "knowledge-based and logic-based approach"].

In computer engineering, the area chosen was highly parallel computers, a product area in which the USA and Europe had made little progress, thereby providing the Japanese a business opportunity. The AI software of FGCS would run on FGCS's parallel computer.

The vision of the plan, told as a story of the great benefits of a knowledge-based society enabled by AI and advanced computers, was bold and exciting. It also worried technology planners in the USA and Europe, who had seen Japanese ascendance in other areas.

This book was written in the early days of FGCS. Therefore, you will not find in its pages the various outcomes of FGCS(some good and some disappointing); and the lessons that Chinese AI scientists and engineers can learn from these outcomes. Below we write a brief summary of "lessons learned." It is too brief.

AI Technology

No large-scale advances in AI science and engineering were achieved by FGCS. AI history moved on, just as if FGCS had never existed. FGCS directors focused far too much attention on the logic-based side of KIP and much too little attention to the knowledge-based side of KIP. They chose to enhance a computer language called PROLOG, which constrains the flexibility needed for knowledge representation of complex real-world objects and processes. They paid insufficient attention to KIP's most difficult problem, knowledge acquisition. At the end, FGCS demonstrated some capable applications; but overall their AI software was logicrich and knowledge-starved.

Parallel Computing Technology

Both Japanese technology planners and American planners began projects(and in the USA, companies) that looked into the future and saw the slowdown and eventual "death" of Moore's Law—the material science and engineering that had been "giving" exponentially growing numbers of transistors for lower costs for more than ten years. Parallel computers seemed to those planners to be the future.

Moore's Law, however, did not "die" in the 1980s and 1990s. The increases of speed that parallel computers might offer became not necessary; and the cost of parallel computers was too high compared with faster, cheaper on-chip processors. In the USA, this was seen in the failures of new companies and lack of success in university research groups. In Japan, exactly the same story was seen in the lack of success in parallel computing by the FGCS. In addition to the economic problem caused by Moore's Law, several other factors worked against FGCS's success: 1) Programs written in PROLOG were difficult for ordinary programmers to write. 2) They also did not run as fast as expected. Why? The AI methods in logic-based systems "interrupted" parallel streams of computations to communicate intermediate results. Speedups of a factor of 10 tended to fall to speedups of a factor of two or less.

On the "learning curve" for parallel machines and parallel algorithms, both Japanese and American technologists stumbled and fell. But they learned much. In the Japanese companies participating in FGCS, this eventually led to success with massively-parallel computers in the decades to come.

Government, Organizations, and People

The Japanese government, through MITI, must be given high marks for giving FGCS large amounts of funding over twelve or more years. MITI was genuinely committed to the long-range goals of the project. MITI also saw FGCS and the FGCS-related groups in the computer companies and universities as a "training ground for the future" for young Japanese engineers in advanced techniques of computer hardware and software. Toward this goal, the FGCS laboratory and affiliated computer company laboratories were quite successful. Hundreds of Japanese engineers rotated into the FGCS laboratory for a year(or several years) and then out again to their companies, well trained in relevant concepts.

The computer companies themselves were not the best of partners in FGCS. Their focus was more toward short-term achievements than long-term goals. They felt that they needed their best engineers working on next products, not advanced future-oriented ideas and techniques. Therefore they did not send their best engineers to the FGCS laboratory. The companies were not accustomed to a national project led not by companies but by a government laboratory(FGCS management came from MITI's Electrotechnical Laboratory). They were used to sharing all of the money of a national project, not just a portion of the project money. Their most valuable contribution was people, to allow FGCS laboratory managers to build staff quickly and to supply new staff as needed.

Edward Feigenbaum

Pamela McCorduck

Part II: China 2017—2030

In my 2019 book, *This Could be Important: My Life and Times with the Artificial Intelligentsia*, I reported at length on Chinese AI efforts.

In the early 1980s, Americans had looked with great attention and some alarm at Japan's plans for AI, as *The Fifth Generation* records. Nearly forty years later, in 2017 the Chinese government would announce a goal of achieving AI primacy by 2030. Some U.S. scientific journals and major newspapers noted that announcement with interest. But lost to most Americans was the electrifying effect in China caused by a Western AI program's victory over a human expert in China's traditional game of Go. Kai-Fu Lee, a leading researcher(trained in the U.S., but now based in Beijing) called this China's "sputnik moment," alluding to the launch of the Soviet satellite in 1957 that galvanized American science and engineering. According to Lee, this victory launched an "AI frenzy" in China.

"China's advantages in AI go beyond government commitment," the leading American scientific journal *Science* reported. "Because of

China's sheer size, vibrant online commerce and social networks, and scant privacy protections, the country is awash in data, the lifeblood of deep learning systems." Chen Yunji, a noted chip designer, told *Science* that because AI is a young field, China benefits: AI's relative newness has encouraged "a burgeoning academic effort that has put China within striking distance of the United States." Chen's claim to a burgeoning academic effort in China is somewhat undermined by the reality that AI companies seek talent, offering salaries that no academic institution can match. But the West faces the same problems, and for better or worse, much leading research has moved into private enterprise, with proprietary systems that are seldom shared with others, unlike the open research of AI's early years in the West.

In 2017, the same year that China's government announced its world-changing AI goal, China's venture capitalists provided 48% of global AI venture capital funding, for the first time surpassing the United States. In the next few years, Chinese applications were built on fundamental research done in the West. But to imagine this will continue to be the case is nonsense. The massive Chinese effort will surely begin to innovate, no longer copy. Chinese researchers will be allowed occasional failures, so that lessons can be learned and research can spring ahead. It helps that Chinese private enterprise efforts are supplemented by the Chinese government's announced goal of primacy in AI by 2030. Thus, for example, with government support, cities specially built to accommodate autonomous vehicles are under design, soon construction; specific "Silicon Valleys" are planned and subsidized.

Western venture capitalists express doubt: the Chinese system of encouraging investments may be successful, but is inefficient. Lee's response is illuminating: When the long-term upside is so monumental, overpaying in the short-term can be the right thing to do. "The Chinese government wanted to engineer a fundamental shift in the Chinese economy, from manufacturing-led growth to innovation-led growth, and it wanted to do that in a hurry."

Advantage China? Maybe. Lee readily concedes that another breakthrough in AI, on the scale of deep learning, will change the game all over again, and it's likely that such a breakthrough will come from the freewheeling West, rather than the implementing East. But such breakthroughs usually occur only every few decades. (After deep learning was invented, nearly three decades passed before sufficient computing power arrived to make it useful.)

I believe the China-U.S. confrontation in AI is significantly more than a friendly competition between commercial rivals. It will have enormous ramifications for each side's economic, and possibly political, systems. For example, Western observers have already begun to wonder aloud whether the orthodox Western freemarket ideology that has prevailed for decades—indeed, achieved near cult status in the United States—has its drawbacks. "I applaud the Chinese Government for supporting science and technology," Yasheng Huang, a professor of international management at MIT's Sloan School of Management says. "The U.S. should be doing that too." David Hoffman, the director of Intel's AI policy, talks about the development of an AI ecosystem. He doesn't dispute that the market will develop that over time. But "Most other countries are saying, well, even if that is the case, we want to invest and to provide direction."

Although Lee's book examines the effect of AI on labor in persuasive detail, his biggest concern is the effects of the two AI superpowers, China and the United States, upon the rest of the world. If AI is left unchecked, won't it drive an all but insuperable wedge between the haves and the have-nots? In that sense, AI is an inequality machine. Developing countries are losing the great, perhaps only advantage they've had: cheap labor. Put bluntly, China and the United States are going to divide up the world between them, even as the Pope once pretended to divide the world between Spain and Portugal, except this time it's real. Some experts predict that three Internets will emerge: China's, the U.S.'s, and a European internet, far more sensitive to individual privacy and civil rights than the first two.

We know that AI will offer economic bounty, and my own vague longings that the bounty be shared fairly are addressed in specifics by Kai-Fu Lee. He proposes a fundamental rewriting of the social contract, to reward socially productive activities the same way the industrial economy rewarded economically productive activities. Surely other plans will be imagined; if we're intelligent, carried out.

We enter a new world, including a potential new conflict between two major nationstate adversaries who wield power of colossal potency, a kind of power that has never before been seen or used on a global scale. This power could nullify past weapons of wars. The conflicts to come are economic and geopolitical, but also philosophical, and even spiritual. As we see with the Japanese Fifth Generation Project, and also from AI in the West, governments can get it wrong. None of us will get it right the first time. But suppose the conflicts are evaded by cooperation between the two great AI super-powers? With great wisdom and generous leadership on both sides, we can bring the entire planet into unprecedented peace and prosperity.

Pamela McCorduck

April 2020

图书在版编目(CIP)数据

第五代:人工智能与日本计算机对世界的挑战/
(美)爱德华·A.费吉鲍姆,(美)帕梅拉·麦考黛克著;
汪致远等译.—上海:格致出版社:上海人民出版社,
2020.6
ISBN 978-7-5432-3096-5

Ⅰ.①第… Ⅱ.①爱… ②帕… ③汪… Ⅲ.①第五代
计算机-研究-日本 Ⅳ.①TP387

中国版本图书馆CIP数据核字(2020)第035066号

责任编辑　忻雁翔
装帧设计　人马艺术设计·储平

第五代:人工智能与日本计算机对世界的挑战

[美]爱德华·A.费吉鲍姆　帕梅拉·麦考黛克　著
汪致远　童振华　江绵恒　江　敏　译
白英彩　校

出　　版　格致出版社
　　　　　上海人民出版社
　　　　　(200001　上海福建中路193号)
发　　行　上海人民出版社发行中心
印　　刷　上海中华商务联合印刷有限公司
开　　本　720×1000　1/16
印　　张　22.25
插　　页　4
字　　数　214,000
版　　次　2020年6月第1版
印　　次　2020年6月第1次印刷
ISBN 978-7-5432-3096-5/F·1283
定　　价　88.00元